女生會喜歡的
皮革包包&小物

送禮 or 自己用
超可愛！

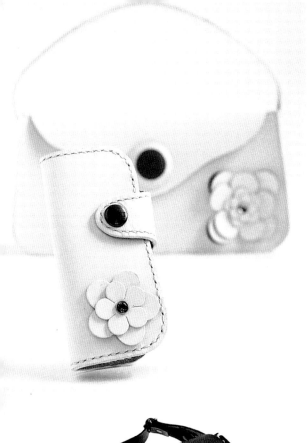

CONTENTS

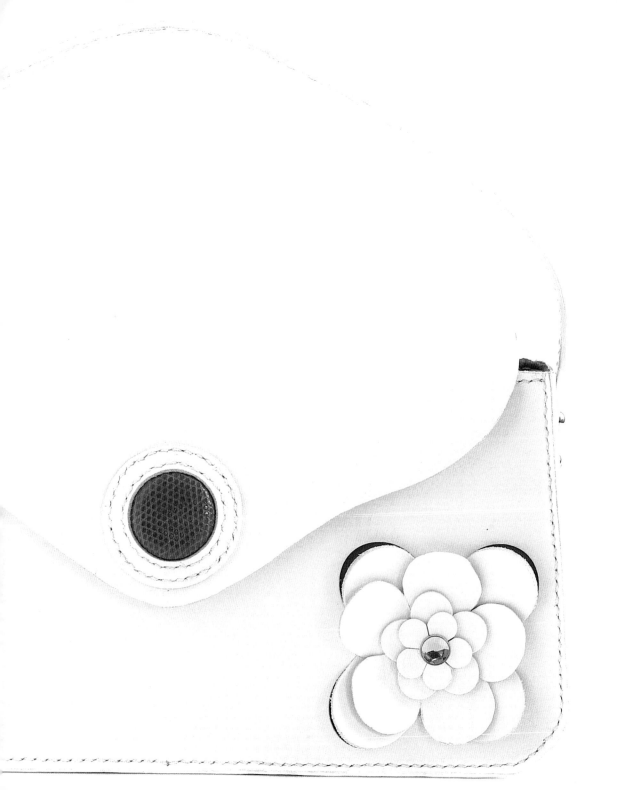

序

每個人至少都擁有一只外型典雅、永不退流行的基本款皮件，憧憬著自己能夠擁有高級名牌或由頂級皮料做成的皮件，事實上，只有自己動手做才可能打造出世上唯一、任何高級名牌皮件都無法與之相提並論的價值。從作法最簡單的皮件到媲美專家製作的皮件，本書中對於皮件作法將有更廣泛的介紹。製作皮件需要相當熟練的技巧，不過，別擔心，了解基本技巧後善加利用，即可大幅拓展製作範疇。建議先從簡單的作品開始，再循序漸進地挑戰困難度較高的作品。勇敢地邁入深奧的皮革工藝世界裡，靠自己的雙手完成世上唯一的「專屬皮革包包＆小物」吧！

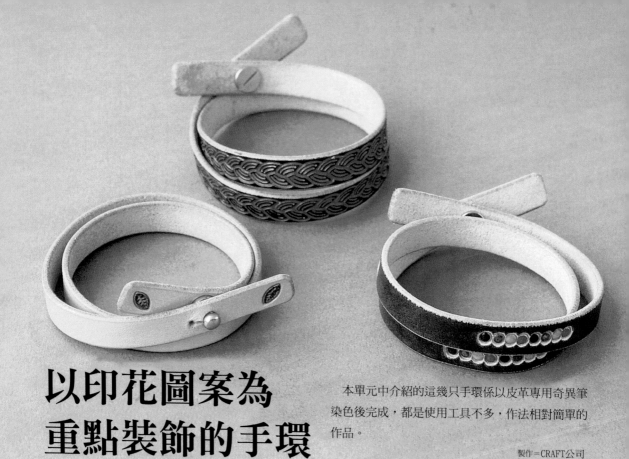

以印花圖案為
重點裝飾的手環

本單元中介紹的這幾只手環係以皮革專用奇異筆染色後完成，都是使用工具不多，作法相對簡單的作品。

製作＝CRAFT公司

工具

A）木槌　B）皮革專用奇異筆（共6色）　C）防止皮革延展的襯料　D）毛氈墊　E）大理石　F）曲尺　G）印花工具（S633、G878、O35）　H）圓斬（6號、8號、10號）　I）圓錐　J）削邊器（No.2）　K）磨砂棒　L）NT美工刀　M）工藝海綿　N）三用磨緣器　O）一字型螺絲刀　P）棉紗布　Q）透明床面處理劑　R）皮革專用乳液（霧面）

裁切出各部位

將名為PISANO，適合染色、印花，厚度為2.0mm的植鞣革裁成400mm×10mm大小的皮料後介紹製作流程，可依個人喜好變更裁切長度。

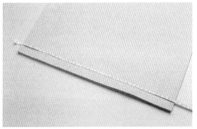

01 準備足夠裁切400mm手環材料的皮革。

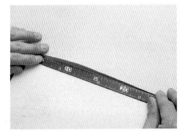 

02 將曲尺靠在皮料邊緣，確認是否呈一直線。沒有呈一直線時，擺好曲尺利用美工刀修齊皮料邊緣。

03 修齊後，利用圓錐於距離邊緣10mm處戳上記號，約戳3處。

04 將曲尺擺在圓錐戳的記號處，再以美工刀筆直切割。曲尺不夠長時，以記號為準，移動曲尺。

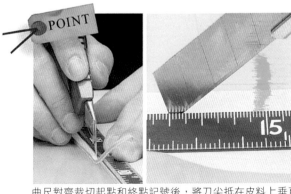

POINT

曲尺對齊裁切起點和終點記號後，將刀尖抵在皮料上垂直裁切（照片左）。刀刃不宜過長，以免發生危險（照片右）。

裁成長400mm、寬10mm以上的皮料（照片上）。照片下為原子釦（5mm），手環專用金屬配件。

05

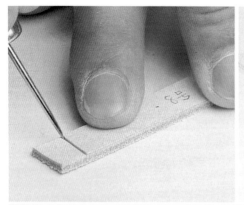

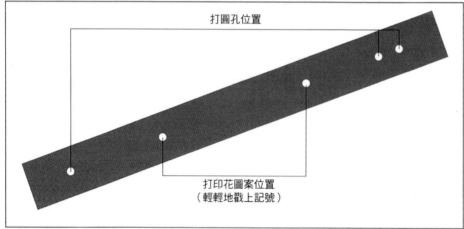

打圓孔位置

打印花圖案位置
（輕輕地戳上記號）

裁好皮料，擺好紙型後，在長400mm處描裁切線。然後利用圓錐做記號標出斬打圓孔或圓點圖案的位置。標位置時請參考紙型或左圖。

06

07 曲尺對齊描好的裁切線，裁成長400mm的皮料，再以美工刀切除四角（削除稜角）。

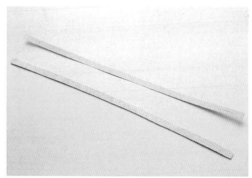

08 裁成紙型大小，做好五處記號即完成素材裁切作業。

▋打上印花圖案

做記號後利用印花工具和皮革專用奇異筆，依序完成圖案以構成手環的設計重點。利用六種顏色的奇異筆染上喜愛的顏色。

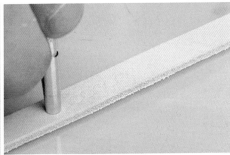

以圓錐做記號後，將印花工具（S633）輕輕地抵在記號上，左右對稱地壓上8個圓圈。

01

手持印花工具，在皮料表面微微地壓上圓圈。兩個斬打印花圖案的位置都壓上圓圈。

02

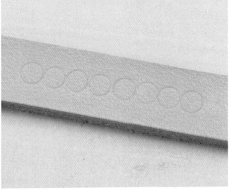

03 以印花工具壓好圓圈後，利用皮革專用奇異筆填滿色彩。

04 除既有的六種顏色外，還可重疊紅色和藍色以成為紫色。

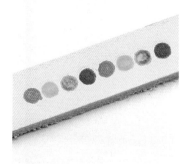

05 填色順序自行決定，這回以四種顏色規律地填上色彩。

06 填上色彩後依序打上圖案。打圖案前必須用水潤濕皮料，因此需準備水和海綿。

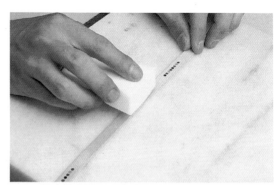

07 從皮革表面潤濕皮料。全面潤濕，染色部位也放心大膽地潤濕吧！

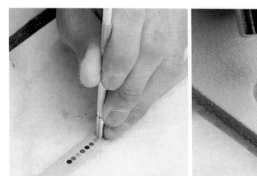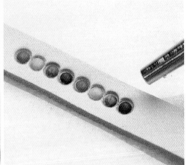

08 等皮料吸入水份後才打上圖案。將印花工具抵在先前做的記號上，斬具必須垂直打入。皮料底下墊著大理石更容易傳導斬打力道。留意斬打力道以免打過頭。

斬打圖案時，手穩穩地扶著印花工具，木槌再不偏不倚地從正上方敲下。

09 照片中為手環皮料上斬打圖案後的狀態。經印花工具斬打後，兩處圓點圖案色彩顯得更突出。

塗染手環本體皮料

染好圓點圖案後，以皮革專用奇異筆塗染手環本體皮料。以綠色為底，再以藍色奇異筆疊加顏色，處理成顏色更深濃、更有質感的皮料。

01 等先前潤濕的水分乾了後，利用奇異筆將手環皮料染成綠色。

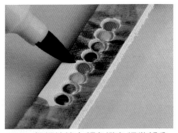

02 仔細地塗上顏色避免細微部分留白。

03 可反覆地塗上顏色。因此，顏色一定要塗得很均勻喔！

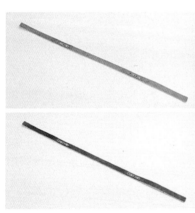

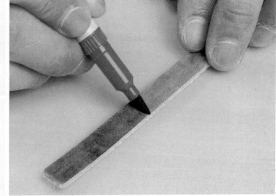

手環皮料全面塗染綠色後狀態（照片上），以藍筆疊加顏色後（照片右）染成深綠色（照片下）。

04

05 塗抹皮革專用乳液（霧面）以便皮料表面形成壓克力狀薄膜。以棉紗布沾取皮革乳液，少量多次地均勻塗抹。

06 全面塗抹皮革乳液2～3次即完成染色步驟。形成壓克力狀薄膜後還可防止掉色。

手環皮料的最後修飾

染好顏色後動手修整手環本體邊緣、裁切面和肉面層吧！修整邊緣以美化手環本體，潤飾肉面層好讓手環配戴起來更舒服。

01 利用磨砂棒，將手環皮料的四角打磨得更圓潤。

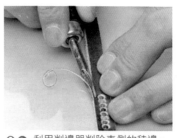

02 利用削邊器削除表側的稜邊。

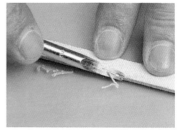

03 以相同要領削除裡側的稜邊。

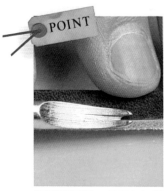

POINT

使用削邊器時，角度太小（照片左）削不到邊，角度太大（照片右）可能因削太多而損傷皮料。

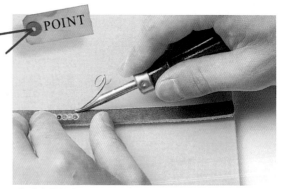

POINT

右手拿著削邊器，手心朝著皮料，刀口沿著邊緣移動，力道務必均等，左手固定住皮料。

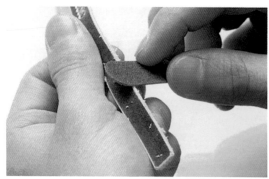

04 削除表裡兩側的稜邊後，利用磨砂棒打磨裁切面一整圈，打磨出圓潤度。

05 如照片打磨到完全看不出高低差或凹凸現象後，依序處理肉面層和裁切面。

06 手指沾取透明床面處理劑後塗抹在肉面層上。

07 處理劑呈半乾狀態後，以三用磨緣器打磨出光澤。

08 使用玻璃板更容易使力，打磨效率更高。

1

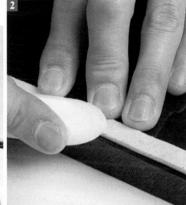

2

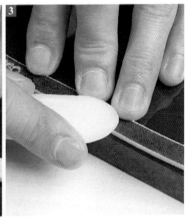

3

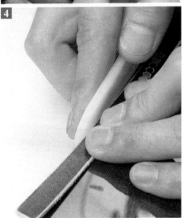

4

5

09

1 以棉花棒沾取處理劑後塗抹皮料邊緣。處理劑乾燥速度快，建議分數次塗抹。以三用磨緣器打磨皮料時，應依序由 **2** 裡側邊緣、**3** 表側邊緣、**4** 裁切面三個方向打磨。**5** 塗抹處理劑並經打磨即可將皮料邊緣處理得很美觀。

打孔～最後修飾

完成本體部位潤飾作業，因此，裝好金屬配件即可邁入完工階段。裝上原子釦，打好原子釦孔，手環順利完成。

01 找出裁切皮料時做記號標好的原子釦安裝位置。

02 以圓錐戳的記號為中心，利用8號圓斬壓上記號。和使用印花工具時一樣，用力按壓以便在皮料表面留下記號。

03 利用圓錐描畫裁切線以連接兩個原子釦孔。

04 外側以10號，內側以6號圓斬壓記號。

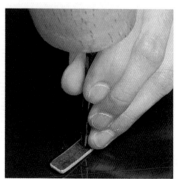

05 三個記號處分別使用不同的斬具，以木槌打好孔洞。

06 斬具必須垂直打入，不偏不倚地打上孔洞。打孔作業應在橡膠板上進行。

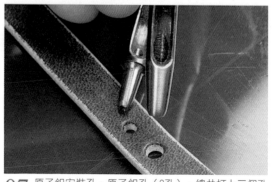

07 原子釦安裝孔、原子釦孔（2孔），總共打上三個孔洞。

08 以美工刀切割裁切線以連結兩個原子釦孔。小心切割以免割到其他部位。

09 原子釦孔完成後狀態。原子釦孔為方便取下或套上手環的孔洞。

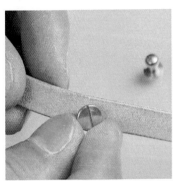

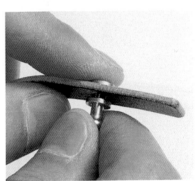

10 由手環皮料裡側拴上原子釦的螺絲，旋轉螺絲至皮料緊貼螺絲底部以安裝原子釦頭。

11 先塗抹膠料才拴緊即可避免螺絲鬆脫。

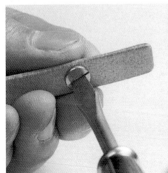

12 利用一字型螺絲起子，從皮料裡側拴緊即完成原子釦安裝作業。先將手環繞兩圈，再試著將原子釦穿過釦孔。

13 由印花圖案和奇異筆彩繪妝點得可愛無比的手環。

印花圖案與染色的絕妙搭配

本單元中將介紹一只圖案類型和前述作品大不相同的手環作法。手環的基本製作流程請參考前述章節中之記載。

01 介紹照片中這款印象和前述作品大不相同的手環作法。

02 皮料上將會斬打較大面積的圖案，因此，需準備防止皮料延展的襯料。

03 黏貼防止延展的襯料前，需用水潤濕皮料的肉面層。

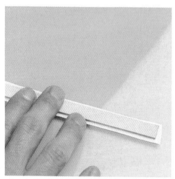

04 將防止延展的襯料貼在濕潤的皮料上。

05 利用美工刀，依皮料大小裁切防止延展的襯料。

06 黏貼襯料後，皮料表面也用水潤濕。

07 距離安裝金屬配件的記號約5mm處開始打上圖案。

08 連續壓三個記號並調整角度後才正式打上圖案。

09 木槌由印花工具正上方垂直敲下，打好第一個圖案。

10 留意斬打力道，必須足以打上清晰的圖案。

11 第二個圖案下框重疊第一個圖案上框後敲下木槌。

12 以相同要領重疊上框，依序打好後續圖案。

13 斬打過程中隨時確認圖案是否偏向皮料的任一邊。

14 皮料乾了後，利用奇異筆塗染打好圖案的部位。

15 放倒奇異筆，只重覆塗染凸出部分。

16 繼續疊加顏色，避免塗染到凹痕處。

17 染好顏色後塗抹上皮革專用乳液，完成最後修飾。

18 完成印象和前述作品迥然不同的手環。

小花飾

不需動用針線，利用快乾膠黏一下就完成的小花飾。牢記花朵作法，再加上各部位的組合運用，即可變換出不同造型的飾品。

製作＝CRAFT公司

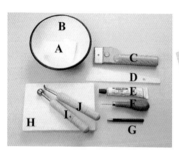

材料／工具

A）工藝海綿　B）小盆　C）替刃式裁皮刀　D）上膠片
E）DIABOND快乾膠　F）圓錐　G）圓斬（12號）　H）人造花專用海綿　I）壓花攤棒（圓球狀）　J）壓花攤棒（花瓣狀）　K）TIPO牛皮（厚1.2mm）　L）豬絨面革　M）豬絨面革皮繩（寬4mm）

其他：塑膠板、橡膠板、直尺、木槌

（註）TIPO牛皮：嚴選後經植物鞣處理成不易伸縮且質地堅韌的牛皮素材。

基本作法

裁好3枚大小各不相同的花片，再以豬絨面革製作花蕊後彙整成花朵。裁切花片需熟悉技巧，建議先利用零碎的皮料練習裁切。

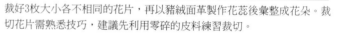

擺好紙型，將花朵形狀描在皮料表面（皮面層）。

01

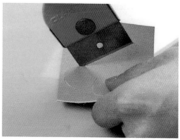

裁切花朵形狀。不是轉動裁皮刀喔！轉動皮料更容易裁出漂亮的曲線。

02

03 裁切最後部分時，利用另一側刀刃，微微地傾斜裁切，即可將細尖部分裁切得很漂亮。

04 裁好3枚大小不一的花片。以不同顏色的皮料完成各種顏色的花朵更有趣。

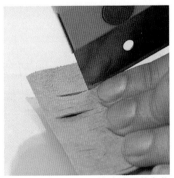

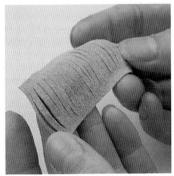

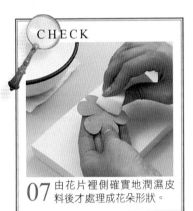

05 裁成30×50mm的豬絨面革上依序劃上寬2mm的切口。

06 照片中就是劃好切口的豬絨面革，製作花蕊的皮料。

CHECK

07 由花片裡側確實地潤濕皮料後才處理成花朵形狀。

08 擺在人造花專用海綿上，利用壓花瓣棒（圓球狀）將花瓣尾端壓出圓潤度。

09 小花成型需要更細膩的技巧，請使用頭部為花瓣狀的壓花瓣棒。

10 利用壓花瓣棒將大小不一的3枚花片處理成立體狀後陰乾。

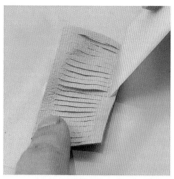

11 皮料裡側邊緣塗抹膠料。兩側都塗抹以便黏合。

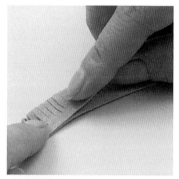

12 膠料半乾後，對齊邊角，對摺皮料後黏合。

13 黏合後，兩面邊緣再次塗抹膠料，其中一面塗抹一半。

14 裁成長100mm的皮繩從正中央對摺成兩半後，套在已經塗好膠料的皮料上。

15 全面塗抹膠料側朝內，以皮繩為軸，緊緊地捲上皮料。

16 照片中為捲好後狀態，皮料尾端黏緊即完成花蕊部分。

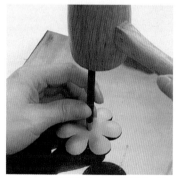

17 每一枚花片的正中央都以12號圓斬打上孔洞。

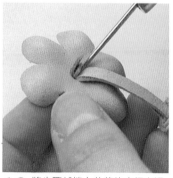

18 將步驟16捲上花蕊的皮繩穿過孔洞後拉到花片背面打結。

19 以花蕊彙整3枚花片後狀態。花瓣相互錯開也很漂亮。

加上皮繩的小花飾，
適合各種場合，便於
配戴。

20 絨面革裁成直徑25mm的圓形皮
塊後，夾著皮繩貼在花朵的背
面，皮繩長短隨個人喜好。

21 花朵背面依序黏貼皮繩、圓形
皮塊後，以木槌柄等按壓以促
使黏合。

製作胸花

運用小花飾製作要領，介紹胸花作法。描線確定位置，花朵和胸針台座
上分別塗抹膠料後貼合即輕輕鬆鬆地完成胸花。

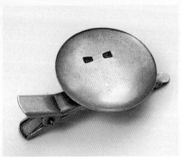

準備適當大小的胸
針台座。
01

將胸針台座靠在花
朵背面，沿著台座
描線。
02

03 將膠料抹在描線範圍內（使用白
膠）。

04 胸針台座上也塗抹膠料。

05 膠料未乾就貼合，用力地按壓
花朵和台座。

　本單元中將介紹妝點著染成各色圓形小皮飾的文庫本書套作法。這是非常實用的作品，快動手製作一個漂亮的書套，套在心愛的書本上隨身攜帶吧！牢記基本技巧就能輕輕鬆鬆地完成，當作禮物送人也非常體面大方。

製作＝CRAFT公司

妝點著各色圓形小皮飾的書套

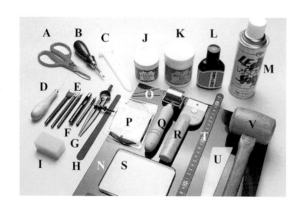

工具

A）萬用剪刀　B）削邊器（No.1）　C）三用磨緣物　D）圓錐　E）寬2mm的菱斬（4、2、1根刀刃）　F）圓斬（25號、3號）　G）間距規　H）磨砂棒　I）手縫蠟　J）透明床面處理劑　K）100號白膠　L）CRAFT染料　M）亮光漆（皮革噴劑）　N）橡膠板　O）手縫針（粗）　P）S-CORD中細（麻線）　Q）滾輪　R）替刃式裁皮刀　S）玻璃板　T）曲尺　U）上膠片　V）木槌
其他：銀筆

裁切小皮飾

使用厚1mm（表側）、1.5mm（固定帶、摺封）的植鞣牛皮、2mm的牛二層皮（小皮飾）及0.3mm（內裡）羊二層皮。先裁切製作小皮飾的皮料。

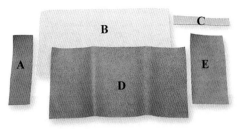

01 依紙型中記載尺寸粗裁製作A）固定帶　B）內裡　C）小皮飾　D）表側　E）摺封等五個部分的皮料。

02 利用25號圓斬，從步驟01的C皮料上斬打6枚製作小皮飾的圓形皮塊。

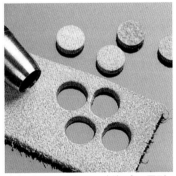

03 圓斬垂直打入，斬打成正圓形皮塊吧！

04 皮塊正中央分別以3號圓斬打上小孔。

05 將6枚製作小皮飾的圓形皮塊中央都打上小孔吧！

小皮飾染色

利用CRAFT染料，將打成圓形且正中央打上小孔的小皮飾染上顏色，小心處理以免染料沾染到衣物喲！

01 決定顏色後將CRAFT染料倒在小碟裡。

02 將圓形皮塊放入裝著染料的小碟裡以吸收染料。

03 放入清水中洗掉多餘的染料，亦可擺在水龍頭下沖洗。

04 將染好顏色的皮塊擺在乾布之上以吸乾水分。

05 吸乾水分後確認染色成果。

06 噴亮光漆兼具防止掉色和增添光澤等作用。

07 以木槌柄部敲打皮塊,促使纖維收縮,皮塊結構將變得更緊實。

08 透過步驟02〜07將6枚圓形皮塊染上喜愛的顏色,完成照片中的6色小皮飾。

做記號

依紙型中記載,利用圓錐在粗裁的表側、摺封、固定帶等部位的皮料上描外圍線(裁切線),標註小皮飾的固定位置,再以銀筆做記號標好內裡皮料摺彎貼合位置。

皮革有易延展和不易延展之方向性,粗裁前必須考量用途,確認方向。在此裁成摺彎方向具延展性的皮料。

易延展

01

02 拿起圓錐，沿著紙型，在表側、摺封、固定帶的皮料上描好裁切線。

03 以圓錐做記號標出斬打孔洞以固定小皮飾的位置。

04 拿銀筆靠近表側皮料邊緣畫點線記號，標註摺彎貼合位置。

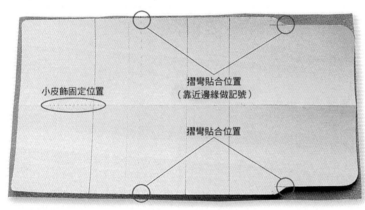

小皮飾固定位置

摺彎貼合位置
（靠近邊緣做記號）

摺彎貼合位置

做記號標好固定小皮飾、摺彎貼合內裡皮料、外圍線。請參考左側照片吧！

05

固定小皮飾

將小皮飾縫在表側皮料上。習慣針、線用法前或許會覺得有點複雜，以下將詳細解說，一定要耐心地學習喔！

01 表側皮料上做記號標好固定小皮飾的位置後，以3號圓斬打上孔洞。

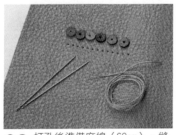

02 打孔後準備麻線（60cm）、縫針、小皮飾（6枚）。

03 穿針引線前利用替刃式裁皮刀將麻線兩端刮細一點。

04 先將麻線抹上一層手縫專用蠟（過蠟）。

05 將麻線穿過針孔後拉出約縫針2倍長的線頭。

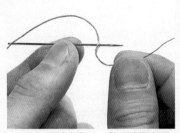

06 如照片中作法，縫針撥開麻線似地扎向線頭側的麻線中心。

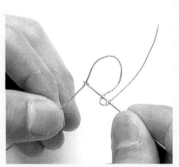

07 線頭側麻線折返後，縫針再次扎向麻線中心。

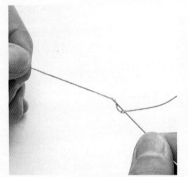

08 再將針上的麻線撥到縫針尾端（針孔處）後拉緊線尾側。

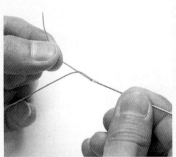

09 拉緊線頭側縫線，將針上的麻線拉到針孔後方。

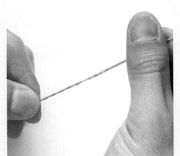

10 將線頭和線尾搓捻在一起，固定後即完成穿針作業。

麻線兩端都穿上縫針即完成針、線準備工作。手縫皮料作業中需使用兩根縫針，習慣用法前必須小心安全。

11

表側皮料事先打好固定小皮飾的孔洞，縫針扎入第一個縫孔後拉出，調整至兩側為相同長度後，雙手分別拿著縫針。

12

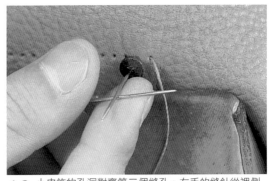

13 小皮飾的孔洞對齊第二個縫孔，左手的縫針從裡側扎向表側，經過小皮飾的孔洞後，交叉搭在右手的縫針上。

14 兩根縫針交叉狀態下，右手拉出縫針，將縫線拉向表側。

15 翻轉手腕，右手的縫針從小皮飾的孔洞扎向同一個縫孔後穿入皮料裡側。

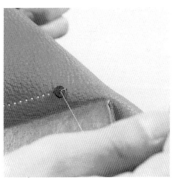

16 左手接住穿入裡側的縫針後，雙手拉緊縫線。

17 皮料裡側的縫針從第一個縫孔穿出後拉向表側。

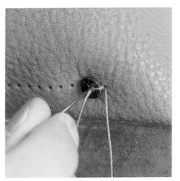

18 步驟17的縫針由表側扎入第二個縫孔，穿入裡側後雙手拉緊縫線。

19 縫第二道線時必須小心扎針以免戳到先前的縫線。

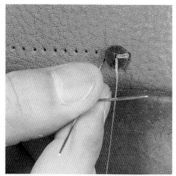

20 拿在左手上的裡側縫針從第三個縫孔穿出，兩根縫針交叉後拉向表側。

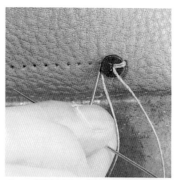

21 翻轉手腕，將右手上的縫針扎入同一個縫孔。

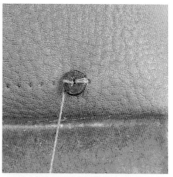

22 由左右側拉緊縫線以固定住小皮飾。

23 和步驟17～18一樣，裡側的縫針經由第二和第三縫孔繞縫一圈。

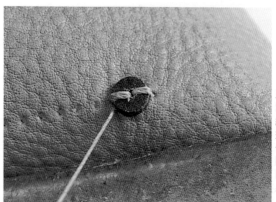

以上就是小皮飾的固定步驟。將兩條縫線先由左右側穿過縫孔，再由前一個縫孔裡側繞縫一圈，縫上兩道線以固定住小皮飾。

24

25 以相同要領縫好6枚小皮飾吧！

26 縫到倒數第二個縫孔為止。即將邁入收尾階段。

27 縫針由皮料表側扎入最後一個縫孔，兩根縫針都穿向裡側。

28 步驟27的縫針穿入裡側後，經由前一個縫孔返回表側。

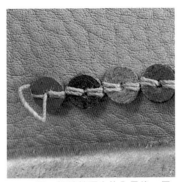

29 同一根縫針再次扎入最後一個縫孔後穿向皮料裡側。

30 如此一來，每一枚小皮飾都由2道縫線固定住。

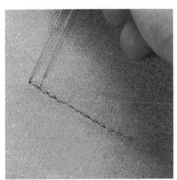

31 處理穿向皮料裡側的兩條縫線。

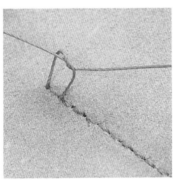

32 將皮料裡側的兩條縫線打兩次死結。

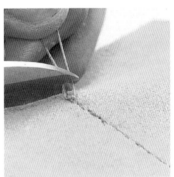

33 留下3～4mm縫線後用剪刀剪斷。

34 以木槌側面敲打裡側，將針目敲得更服貼。

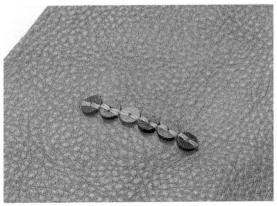

35 處理好縫線後，小皮飾安裝作業即告一段落。將皮料裡側的針目敲打得更服貼，以免黏貼內裡皮料後形成高低差。

黏貼裡側皮料

表側皮料上縫好小皮飾後，黏貼內裡皮料以完成書套本體，留意已做記號的摺彎貼合部位，緊密地貼合皮料。

01 表側皮料的肉面層上均勻地塗抹100號白膠。

02 內裡皮料也塗抹白膠。以上膠片的邊角塗抹膠料即可避免抹到其他部位。

03 邊對齊表裡側皮料邊緣，邊用手按壓以促使黏合。

04 處理摺彎貼合部位，雙手邊摺彎皮料、邊黏合。

05 以滾輪滾壓皮料。摺彎部位必須在摺彎狀態下滾壓。

06 構成書套本體的表、裡側皮料貼合作業完成後的狀態。

正式裁切

貼合表、裡側皮料後，正式裁切本體、固定帶、摺封部位的皮料。裁皮刀沿著事先描好的線條裁切皮料。

01 豎起拇指握緊裁皮刀，刀柄倒向前側，再將裁皮刀往面前拉。

02 裁皮刀屬於單刃刀，微微地偏向外側以裁出垂直的切口。

03 留意步驟01、02的裁皮刀的拿法，正式裁切固定帶、摺封、本體皮料。

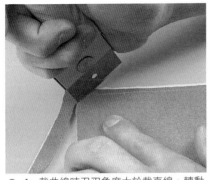

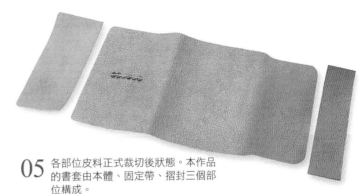

04 裁曲線時刀刃角度大於裁直線，轉動皮料好讓刀刃隨時朝著自己而來。

05 各部位皮料正式裁切後狀態。本作品的書套由本體、固定帶、摺封三個部位構成。

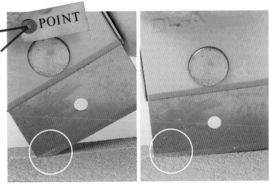

替刃式裁皮刀屬於單刃刀，刀柄過於偏向外側（照片左）或垂直（照片右）都無法裁出垂直的切口。

刀刃和皮料之角度太大（照片左）或太小（照片右）都無法順利裁好直線部位，需留意。

黏貼各部位

正式裁好三個部位的皮料後黏貼。黏貼前先處理縫合後就無法處理的裁切面吧！

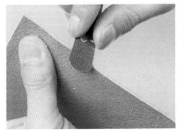

01 削除固定帶（2側）和摺封（1側）的稜邊，皮料表裡側都必須削邊。

02 利用磨砂棒將削邊部位打磨得更圓潤。

03 塗抹透明床面處理劑，距離三邊3mm處為黏合部位不需塗抹。

04 在半乾狀態下以玻璃板打磨肉面層，黏合部位不需打磨。

05 利用棉花棒等將處理劑塗抹在裁切面上。

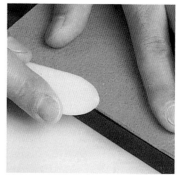

06 三用磨緣器依序由裡側邊、表側邊、裁切面三個方向打磨。

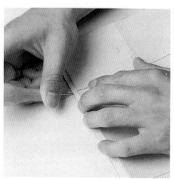

07 擺好紙型，拿圓錐在本體裡側的黏貼部位輕輕地戳上記號。

08 本體、摺封的黏合部位分別以上膠片抹上100號白膠。

09 先對齊邊緣，再將摺封貼在本體裡側。

10 利用滾輪滾壓黏合部位。

11 以相同要領黏貼固定帶後滾壓。

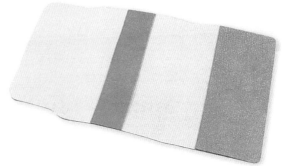

12 本體裡側黏貼摺封和固定帶後的狀態。結合所有部位，作品已然成型。

縫合前的準備

準備打上縫孔。先利用間距規描好斬打縫孔的基準線，再以圓錐鑽孔標出基點位置，做好斬打縫孔的記號。

01 黏合各部位後打磨本體邊緣一整圈以磨掉高低差。

02 設定好間距規後靠在皮料裡側，在距離裁切邊緣3mm處畫線。

轉動旋鈕即可設定間距規距離，配合曲尺上的刻度設定吧！

設定寬度後還是可能出現誤差，建議利用零頭皮料調整距離後才正式描線。

03 利用圓錐由裡側打上6個基點孔洞。

04 摺封和固定帶端角就是基點，參考步驟03照片的○記號。

05 表側同樣以間距規在距離邊緣3mm處畫一圈線。

斬打菱形孔

描好縫合線，打好基點孔洞後，利用菱斬打上縫孔。手縫皮料時必須先打上縫孔。

01 瞄準基點，在間距規的描線上壓記號。

02 希望基點保持圓孔狀而錯開1孔，瞄準記號。

03 木槌由菱斬正上方垂直敲下以打上縫孔。

04 重疊1孔後才敲下菱斬，依序打好後續縫孔。

05 刀刃太多不易重疊，處理轉角時建議使用較少刀刃的菱斬。

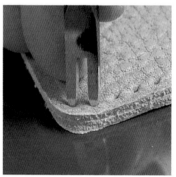

06 將4菱斬換成二菱斬之後壓上記號。

07 先以雙菱斬壓上記號，再以單菱斬打上縫孔。

08 打好轉角處的縫孔後，再換拿四菱斬以完成後續縫孔。

09 靠近下一個基點時，邊壓記號邊測量斬打至基點的距離。

基點

10 記號和基點不吻合時需調整距離。

11 從完成的最後一個縫孔開始，略微錯開位置，重新往基點方向壓記號。

12 以步驟11要領微調整體至基點，距離必須調整到完全吻合。

13 瞄準記號，打上縫孔。調整後就能完全瞄準記號一直打孔至基點。

14 基點間距太短時，建議開始壓記號時就調整。

15 打好一整圈後的狀態。打孔過程中隨時意識著基點間距。

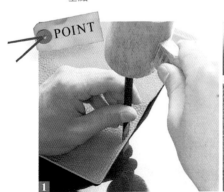

POINT

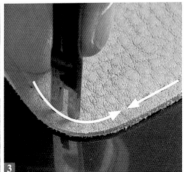

1 木槌由菱斬正上方垂直敲下以免表、裡側縫孔錯開位置。　2 斬打程度為皮料裡側可看到三角形刀尖，打到底的話，易形成太大的縫孔，需留意。　3 轉角處先以雙菱斬壓記號，再重疊1孔，朝逆時針方向即可打上漂亮的縫孔。

縫合本體

縫合打好菱形孔的部位。穿針引線方法請參考P. 26。本單元將詳細解說平針縫法。

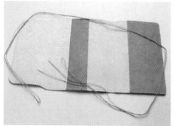

01 準備長度為縫合距離4倍的縫線，兩端都穿上縫針。

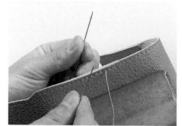

02 縫針穿過固定帶中央的縫孔後，雙手拿針，將縫線調整為相同長度。

03 左手的縫針扎入下一個縫孔後，右手的針在下，兩根針交叉拿在手上。

04 兩根針交叉狀態下，右手拉出縫針，將縫線拉過縫孔。

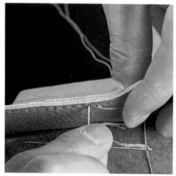

05 翻轉手腕，將右手的縫針扎入同一個縫孔，小心！別扎到先前的縫線。

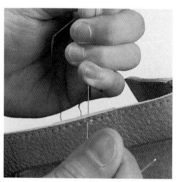

06 左手拉出穿向裡側的縫針，雙手拉緊縫線。

07 以相同要領繼續往自己方向縫合。以上就是平針縫步驟。

08 在有高低差的皮料端角上回縫兩道線以提昇強度。

09 左手的縫針回扎1孔後由裡側穿向表側。

10 步驟09的縫針跨越高低差部位後返回裡側，雙手拉緊縫線。

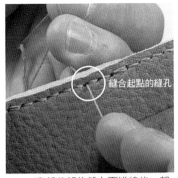

縫合起點的縫孔

11 高低差部位縫上兩道線後，朝著縫合起點的縫孔，縫合本體一整圈。

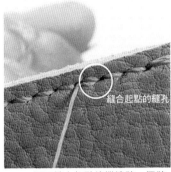

縫合起點的縫孔

12 返回縫合起點後繼續縫一個縫孔就會縫上兩道線。

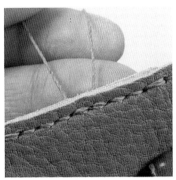

13 再次由先前的縫孔將表側的縫針扎向裡側，2根針都穿向裡側。

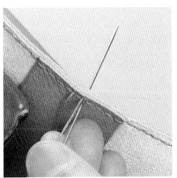

14 步驟13的縫針從同一個縫孔返回後開始處理縫線。

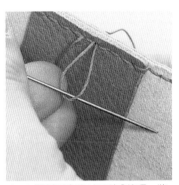

15 裡側因步驟14而形成線環，將另一根針穿過線環。

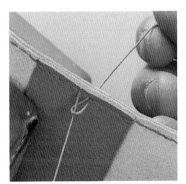

16 裡側的縫線穿過線環後，拉緊表側的縫線以緊縮線環。

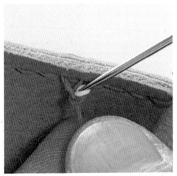

17 以圓錐沾取白膠後抹在線環上。

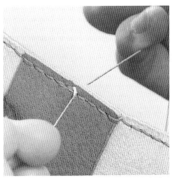

18 雙手拉緊縫線，將套著縫線的線環拉進縫孔。

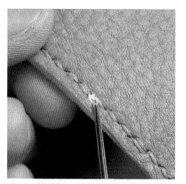

19 貼近皮料剪斷表、裡側的縫線。

20 縫線切口塗抹白膠，凝固後即完成縫線處理作業。

21 以木槌側面將皮料表面的縫線敲得更服貼。

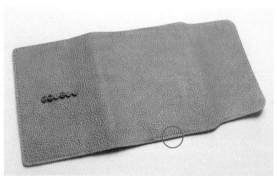
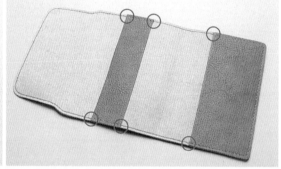

22 縫合本體一整圈後狀態。固定帶下方部位的中心點就是縫合起點和終點（照片左），從照片上即可看出因皮料重疊而形成高低差的6個位置上都縫上兩道線（照片右）。

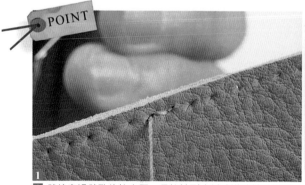
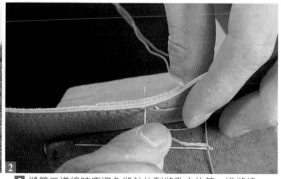

POINT

1 縫線穿過縫孔後拉太緊，易拉扯到皮料或導致縫孔變形。

2 縫第二道線時應避免縫針扎到縫孔中的第一道縫線。

最後修飾～完成

固定帶和摺封經過縫合而附著在本體上，功能性絕佳的書套作品即將完成，再經細部修整即大功告成。

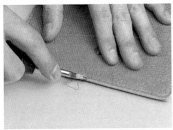

01 削邊器沿著表側邊緣削除稜邊一整圈。

02 高低差部位底下墊著零頭皮料更方便削除稜邊。

03 以相同要領削除裡側稜邊一整圈。

04 因縫合而變得凹凸不平，利用磨砂棒將裁切面打磨得更圓潤。

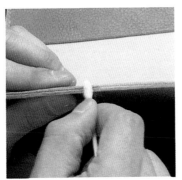

05 打磨後以棉花棒等沾取透明床面處理劑塗抹裁切面。

06 從裡側邊、表側邊、裁切面三個方向打磨後即完成作品。

07 書套完成後狀態。以染色小皮飾妝點得很可愛的作品。最令人激賞的是可套在愛書上隨身攜帶。※製作這件作品時使用「荔枝紋有色牛皮」，P.22 的深藍色書套使用素稱「多脂牛」的植鞣牛皮。

編織圖案的手鐲

　不須動用針線，完全由皮繩編成手鐲本體，利用膠料將本體黏在金屬材質的手鐲框上，再利用雙面膠帶填貼內裡皮料，作法簡單卻能做出外型非常亮眼的作品。

製作＝CRAFT公司

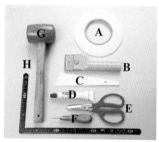

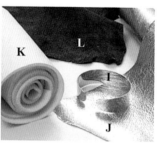

材料／工具

A）雙面膠帶　B）替刃式裁皮刀　C）上膠片　D）DIABOND快乾膠　E）皮革剪刀　F）圓錐　G）木槌　H）曲尺　I）手鐲框（金屬材質，寬版L）　J）超薄荔枝紋豬鞣革（厚1mm）　K）背膠海綿　L）豬絨面革（厚0.6mm）
其他：塑膠板、夾子

製作手鐲

這款手鐲的製作重點為最初的裁切作業。本體的編織圖案部分裁切得很確實才可能編出漂亮的形狀。

擺好紙型後描線。同時做記號標好，裁切編織圖案的孔洞。

01

替刃式裁皮刀沿著線條裁切製作主體的皮料。

02

03 擺好紙型描好記號後，裁切編織圖案的部位。

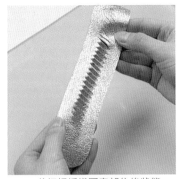

04 裁切好編織圖案部位後狀態。重點為裁成均等寬度。

05 從同一塊皮料上裁切3條寬4mm，長180mm的皮繩。

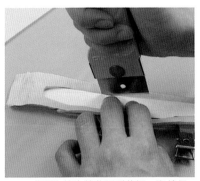

06 背膠海綿也就著紙型裁切。海綿很軟，小心裁切過度。

07 擺好紙型裁切內裡皮料。內裡皮料非常薄，就著紙型裁切比較不會裁歪掉，裁切起來更輕鬆。備妥各部位材料。

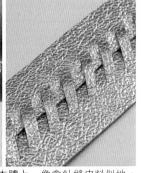

08 將其中一條皮繩穿在本體上，像拿針縫皮料似地，將皮繩交互穿過本體上的裁切處。

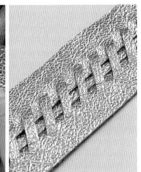

09 穿上第二條皮繩，穿法同第一條，但穿在第一條的另一側。

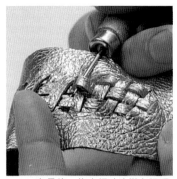

10 穿最後一條皮繩時改變穿繩順序，穿在先前的兩條皮繩間。

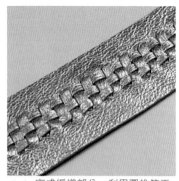

11 完成編織部分。利用圓錐等工具調整編目。

12 將背膠海綿貼在手鐲框上。

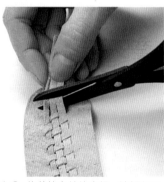

13 修剪掉多餘的皮繩，端部留下約5mm。

14 裡側塗抹膠料，這部分只以膠料固定住，因此必須塗得更確實。

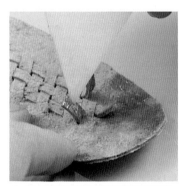

15 預留的端部塗抹膠料以固定住皮繩。

16 手鐲框裡側塗抹膠料，等半乾後才做後續處理。

17 膠料半乾後，利用木槌敲打皮繩端部以促使緊密黏合。

18 邊確認位置，邊黏合手鐲框和本體皮料。

19 調整皮料和手鐲框至兩端留下相同長度的皮料。

20 將皮料邊緣摺向裡側,依序黏合皮料和手鐲框。

21 邊黏合、邊確認編織部位置於中央。

22 如照片中作法,利用圓錐擠壓皮料邊緣以促使緊密黏合。

CHECK

23 利用皮革剪刀修掉無法完全服貼的部分以便處理得更平坦。

24 以木槌柄部等壓黏膠料黏合部位。

25 將雙面膠帶貼在內裡皮料上,從端部開始,依序黏貼在手鐲裡側。

26 內裡皮料完全貼合後,以木槌柄部等壓黏整體以促使皮料更緊密黏合。

27 手鐲完成後狀態。變換皮繩顏色即可製作印象大不相同的作品。

43

小提包

材料／工具

A）木槌　B）鐵鎚　C）替刃式裁皮
刀　D）鋸齒剪刀　E）塑膠板　F）
橡膠板　G）麻線（S-CORD中）　H）
銀筆　I）菱斬　J）圓錐　K）上膠片
L）白膠　M）DIABOND快乾膠　N）
夾子　O）直尺　P）超薄荔枝紋豬鞣
革（厚1mm）　Q）提把芯材（細）
其他：縫紉機（HOME LEATHER 110）
、打火機、手縫針

非常方便裝入隨身用品帶著到處去的小提包。依個人品
味精心挑選皮料顏色或質感，打造出風格獨具，令自己愛
不釋手的小提包。

製作＝CRAFT公司

▌製作本體

這款小提包本體是由2塊皮料組合而成，擺好紙型，確切地裁切皮料後縫製作品吧！

裁切各部位

擺好紙型，裁切製作本體的各部位皮料。

01

02 從豬鞣革上裁切8條10mm×700mm的皮繩。

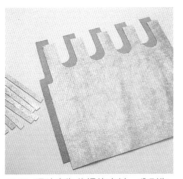

03 照片中為裁好的皮料，分別為本體（2塊）、編製提把的皮繩（8條）。

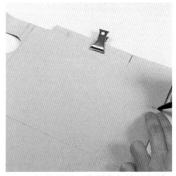

04 擺好紙型，將製作包襠的記號畫在肉面層上。

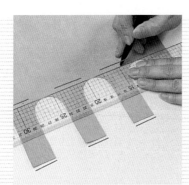

05 直尺對齊U型底部，在穿提把部位的上、下方畫相同長度的線。

06 對齊U型底部畫線後，在高於該線10mm處的皮料表側畫線。

07 照片中為畫線後狀態。這是黏合和車縫穿提把部位的記號線。

縫合本體

01 面對面對齊本體，用夾子固定住以免皮料錯開。

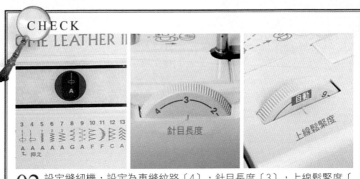

CHECK
HOME LEATHER II

02 設定縫紉機，設定為車縫紋路〔4〕，針目長度〔3〕，上線鬆緊度〔自動〕。這是這回使用的HOME LEATHER 110的設定方式。

針目長度　　　上線鬆緊度

03 縫合三處直線部位。第一針扎
在距離皮料邊緣2mm處。

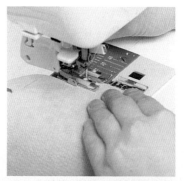

04 回縫第二針後，維持在距離邊
緣5mm處筆直地往前車縫。

05 車縫處特寫。回縫第一針後筆
直車縫。

06 靠近轉角後放慢車縫速度，車
縫至距離邊緣約5mm即停止。

07 抬高壓腳，以針為軸心，將皮
料旋轉90度。

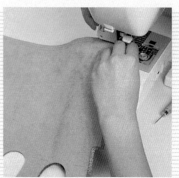

08 繼續車縫下邊，車到轉角處時
再次抬高壓腳，將皮料旋轉90
度。

09 回縫兩針後剪掉多餘的縫線，
再以打火機燒燙線頭。

10 距離車縫終點的邊緣8mm處塗抹
DIABOND快乾膠，兩面都抹。

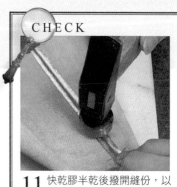

CHECK

11 快乾膠半乾後撥開縫份，以
鐵鎚敲打皮料以促使黏合。

12 將快乾膠抹在P.45步驟07畫線處之間和穿提帶部位的端部。

13 膠料半乾後黏貼成穿提把部位。

14 黏合後經鐵鎚敲打以促使黏合及降低高低差,小心敲打以免傷到皮料。

15 黏好穿提把部位後翻面,從表側縫合包口,包括穿提把部位。

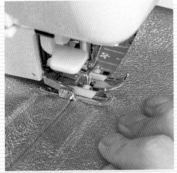

16 車縫距離邊緣3mm處。車縫起點為撥開縫份之前。

17 沿著P.45步驟06畫的線條車縫,留意穿提把部位的高低差。

18 回縫撥開縫份部位,車縫終點和起點重疊3針後結束車縫。

19 提包上側如照片車成穿提把部位。

20 穿提把部位周邊車縫針目的特寫。車縫時避免超出範圍。

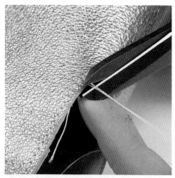

21 車縫至終點後剪斷縫線，處理線頭。

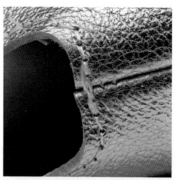

22 皮料銜接處的回縫情形。這是受力較重的部位，必須特別加強。

23 剪斷縫線後以打火機燒燙線頭。

縫製包檔

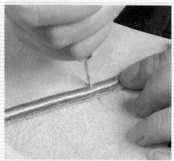

01 本體再次翻面後，以圓錐在P.45步驟04做記號處鑽孔。

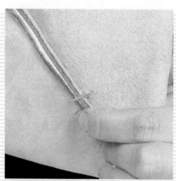

02 對齊記號後，在中心貫穿兩個孔洞（距離10mm）。

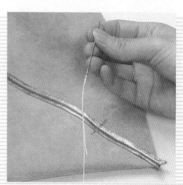

03 將縫線（S-CORD麻線〔中〕）穿入針孔，準備縫合。

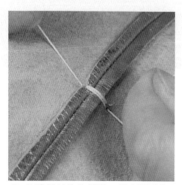

04 將縫針扎入縫孔，縫上兩道線後拉緊縫線。

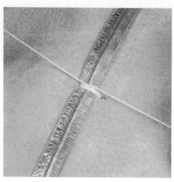

05 縫第三道線後打結。照片中打兩次結，打死結。

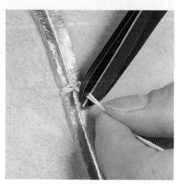

06 打結後剪掉多餘縫線並塗抹膠料。小心！別剪太短。

07 縫好後利用鐵鎚將針目敲打得更服貼。

08 本體翻回正面，縫好的包襠倒向底部，在距離頂點約5mm處做記號。

09 做好記號後，利用圓錐戳穿皮料，鑽兩處孔洞。

10 從表側看到的情形。以底部的縫份處為中心，等距離鑽上孔洞。

11 鑽孔後縫合，縫線從縫線折返處和底部之間穿出後打死結。

12 敲打反摺部分的針目和摺痕，將底部形狀處理得更落實。

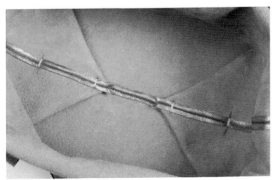

13 底部處理後狀態。反摺皮料後將包襠部位縫得更牢固。

14 本體部位大致完成。確實地壓下底部，調整好包身形狀。

編製繩狀提把

這款小提包上安裝的繩狀提把和本體使用相同的皮料，由豬鞣革捲編提把芯材而做成，改變皮繩顏色即可編出更有特色的繩狀提把。

將膠料塗抹在繩狀提把芯材上，塗抹端部至50mm處。

01

皮繩部位也從端部塗抹膠料至50mm附近。

02

CHECK

03 在照片中狀態下將皮繩貼在表、裡側。

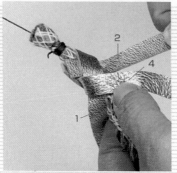

04 面對著作品，從左側將皮繩4繞到表側後搭在皮繩1上。

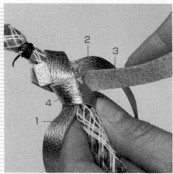

05 將皮繩3拉到皮繩4與2之間。

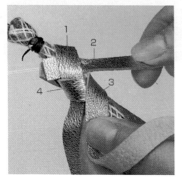

06 皮繩3繞編提把芯材，返回表側後搭在皮繩4上，變成與皮繩1平行。

07 將裡側的皮繩2拉到左側的皮繩1和3之間。

08 皮繩2直接搭在皮繩3上。

09 左側的皮繩1由裡側拉向右側的皮繩2與4之間。

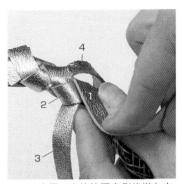

10 皮繩1直接拉回表側後搭在皮繩2上。

11 "從裡側拉出最上面的皮繩後搭在面前的皮繩上"動作反覆進行。

12 皮繩由裡側繞出後,從平行並排於另一側的皮繩之間拉回表側。

13 反覆步驟11、12,將皮繩繞編在提把皮料上。

14 接近繞編終點時,將膠料塗抹在最後部分。

15 塗抹膠料,黏好皮繩後,以剪刀等工具剪斷。

16 先前固定的提把芯材端部也修剪掉,製作2條繩狀提把。

17 照片中為編好的提把和覆蓋提把銜接處的皮料(40mm×50mm)。

安裝繩狀提把

將繩狀提把固定在本體上以完成小提包。先縫合切口，再縫覆蓋提把銜接處的皮料。

穿入提把，確定無尺寸等問題後銜接。
01

如同在皮繩上鑽孔，利用圓錐貫穿提把兩端以鑽上孔洞。
02

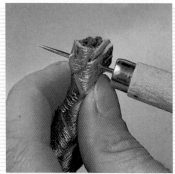

03 交叉貫穿提把似地鑽上孔洞。將縫線穿過這兩個孔洞以銜接提把。

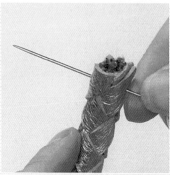

04 將穿好線的縫針扎入提把上的孔洞。

05 在照片中狀態下將縫線穿過提把兩端的銜接處。

CHECK

06 直接拉緊縫線，如照片中作法銜接提把兩端。

07 纏上縫線，銜接提把後打死結。

08 縫合兩條提把後，依據覆蓋銜接處的皮料寬度塗抹膠料。

09 覆蓋皮料塗抹膠料後黏貼，讓切口位於繩狀提把上側。

10 將皮料貼在縫合處後用鐵鎚敲打得更密合。

11 緊密貼合後緊貼提把邊緣，以菱斬打上縫孔。

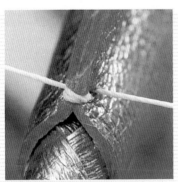

12 運用平縫技巧，第一個縫孔往外側縫上兩道縫線。

13 最後一個縫孔也往外側縫兩道縫線，經過回縫後將白膠抹在打結處。

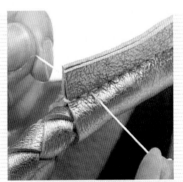

14 直接拉緊縫線，將打結處拉進縫孔後剪斷縫線。

15 縫合後，距離縫線處約3mm修剪多餘的皮料並做最後修飾。

16 修剪並修飾皮料後狀態。事先塗抹膠料，因此不必擔心皮料錯開。

17 繩狀提把小提包完成後狀態。作法簡單，實用性絕佳。

荷葉邊手拿包

加上抓皺後車縫成甜美可愛荷葉邊裝飾的手拿包，使用質地輕薄、觸感軟綿的鼓染有色牛皮，擺在縫紉機上車一車，馬上就能完成一只實用性絕佳，非常方便隨身攜帶的手拿包。

製作＝CRAFT公司

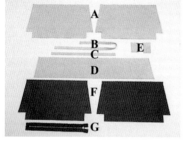

材料

皮革…鼓染有色牛皮（＃1040） A）前片、後片 B）裝飾帶 C）荷葉邊（上） D）荷葉邊（下） E）耳片內裡…山東綢（茶色） F）前片、後片 G）拉鍊200mm

如照片右，前後片包身的包口、包底、側邊各7mm，荷葉邊皮料（上）兩端10mm，荷葉邊皮料（下）兩端10mm和中間30mm處斜打薄，耳片皮料全面打薄0.8mm，兩端10mm處斜打薄後使用。參考P. 188紙型。

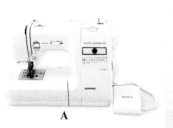

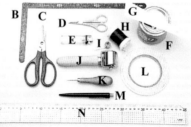

工具

A）縫紉機（使用HOME LEATHER 110） B）曲尺 C）皮革剪刀 D）萬能剪刀 E）打火機 F）橡皮膠 G）上膠片 H）縫線 I）梭線 J）滾輪 K）圓錐 L）雙面膠帶（寬5mm） M）銀筆 N）直尺

以皮料製作荷葉邊

製作這款手拿包關鍵部位的荷葉邊時，除考量外型漂不漂亮外，還得考慮車縫、最後修飾問題。

01 利用銀筆，在距離荷葉邊皮料（下）長邊40mm做記號。

02 車縫前設定縫紉機，分別設定為上線鬆緊度〔2〕，車縫紋路〔3〕，針目長度〔4〕。

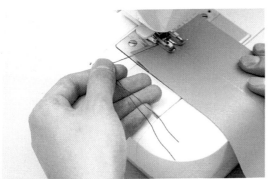

03 在上、下線均預留100mm線頭狀態下，放下壓腳和車縫針後往前車縫。不需回縫。

04 沿著銀筆描的線條，非常慎重地筆直往前車縫吧！

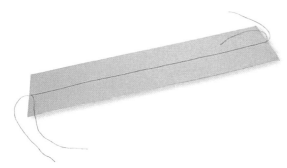

05 車縫終點如同起點，不需回縫，預留100mm線頭狀態下剪斷車縫線。

06 拉緊底下的車縫線以形成荷葉邊。從兩端拉緊，適度地往中央推皺褶，調整出最協調勻稱的荷葉邊。

07 將其中一端的縫線打結，再依包體長度將荷葉邊調整為長度250mm。

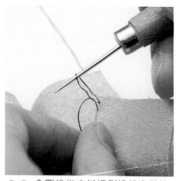

08 拿圓錐從皮料裡側挑起車縫線。

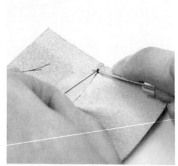

09 利用圓錐，將車縫線打上兩次結。只打一次結的話，後續作業中易鬆脫。

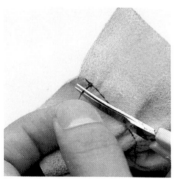

10 留下些許長度的線頭後剪斷車縫線。

11 點燃打火機以燒燙線頭。

12 荷葉邊做得漂不漂亮嚴重影響作品外觀。

將上、下荷葉邊縫在包身上

將荷葉邊（下）貼在包身皮料上，然後連同荷葉邊（上）一起車縫。縫份部位形成太多皺褶時，無法車動縫紉機，因此必須留意抓皺情形。

01 利用銀筆在距離包口60mm的包身皮料上做記號。

02 包身兩端（表側）與荷葉邊兩端（裡側）塗抹橡皮膠約7mm後陰乾。

03 避開塗抹橡皮膠處,只有銀筆描的線條上黏貼雙面膠帶。

04 用手拉撐皮料以免縫份部位形成皺褶後貼合。

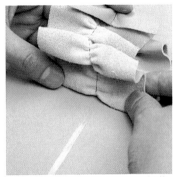

05 車縫處瞄準雙面膠帶後擺好荷葉邊。

06 對齊另一頭皮料後,將荷葉邊壓向包身皮料以促使緊密貼合。

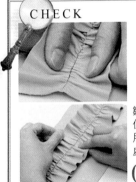

CHECK

皺褶太多的部位無法車縫。用手拉撐車縫處兩側5mm處。

07

08 再次全面整理荷葉邊後才開始車縫吧!

09 荷葉邊皮料(上)的中心線上黏貼雙面膠帶。距離皮料上下邊2mm,即未貼膠帶部位為車縫處。

10 對齊其中一端後黏貼。

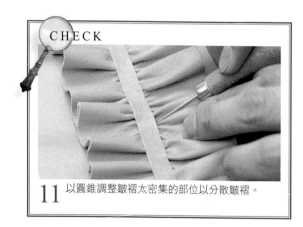

11 以圓錐調整皺褶太密集的部位以分散皺褶。

12 下一個步驟就會車縫上、下荷葉邊。將荷葉邊（上）貼得更平整以便筆直地車上縫線吧！

13 車縫前設定縫紉機，分別設定為上線鬆緊度〔自動〕，車縫紋路〔4〕。車縫皮料邊緣或布邊時之設定應以"車縫紋路〔4〕"為前提。

14 車縫起點回縫2針，車縫距離皮料邊緣2mm處。

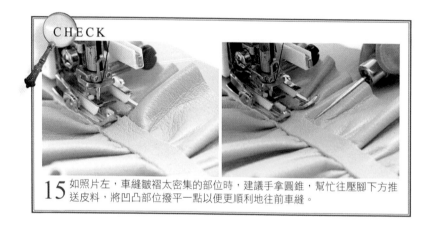

15 如照片左，車縫皺褶太密集的部位時，建議手拿圓錐，幫忙往壓腳下方推送皮料，將凹凸部位撥平一點以便更順利地往前車縫。

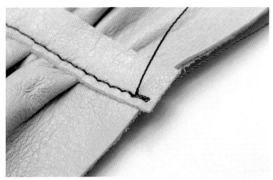

16 車縫終點如同起點，回縫2針後剪斷縫線並燒燙線頭。

17 以相同步驟車縫皮料的另一側後處理縫線。

黏貼拉鍊

前、後片包身的包口處都反摺後，黏貼處理好兩端的拉鍊。拉鍊是受力較重的部位，車縫前必須妥為處理。

01 拿銀筆在距離包口14mm的前、後片包身皮料上做記號。

02 將橡皮膠塗抹在寬14mm的銀筆畫線範圍內。

03 橡皮膠乾了後對摺塗膠範圍以摺邊。

04 由表側將摺邊處滾壓得更密合。

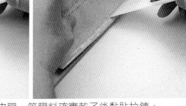

05 摺邊處（裡側）塗抹橡皮膠，等膠料確實乾了後黏貼拉鍊。

06 如照片左，往拉鍊（裡側）上塗抹橡皮膠，抹成三角形，反摺上端後黏合。反摺處全面塗抹橡皮膠後往內摺成三角形。再以相同要領完成另一端部。

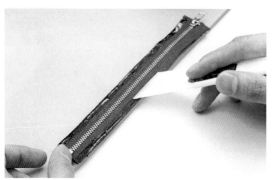

07 拉鍊（表側）兩邊7mm處分別塗抹橡皮膠。

08 拉鍊頭朝左擺放，前片包身兩端預留15mm後貼在拉鍊上。

09 以相同要領黏貼後片包身。最理想的貼合狀態為皮料和皮料間露出拉鍊寬約10mm。

拉鍊部分等黏貼內裡後才一起車縫。

10

縫合內裡

從拉鍊上方將內裡貼在包身皮料上，然後連同拉鍊將內裡車在包身皮料上。

包身內裡的包口（表側）和拉鍊兩邊5mm處塗抹橡皮膠後黏合。內裡上有光澤面為表側。

01

02 另一片包身也對齊拉鍊邊緣後黏合。

03 車縫前務必如照片左將兩側的包身皮料靠向其中一側。例如照片右，包身皮料沒有靠在一起狀態下車縫是錯誤示範。

04 至少回縫3針，只有裝拉鍊處才車縫邊緣2mm處。

05 拉鍊頭干擾車縫時，建議在扎針狀態下抬高壓腳，以圓錐推過。

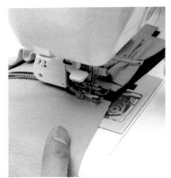

06 車縫終點和起點都回縫2～3針。

07 將線拉向裡側，處理車縫起點和終點的線頭。

黏貼耳片和包身

製作2枚耳片後固定在手拿包側邊。將耳片夾在前、後片包身皮料之間，再依序貼合皮料邊緣。

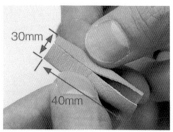

01 耳片皮料（裡側）全面塗抹橡皮膠後，朝著中心線縱向對摺成耳片。

02 以滾輪滾壓至完全密合。

03 兩端（裡側）7mm處塗抹橡皮膠後縱向對摺以形成環狀，共製作2枚耳片。

04 耳片根部（表裡）7mm處塗抹橡皮膠。

05 前、後片包身邊緣7mm處塗抹橡皮膠。

POINT

包襠底部（27mm邊）皮料上有8處不塗抹橡皮膠。

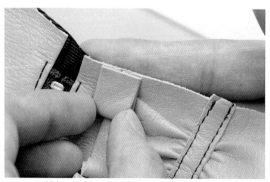

06 距離包口7mm，將耳片貼在包身皮料上。

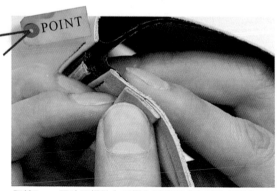

POINT

距離7mm，耳片正好貼在反摺內裡後形成高低差處下方。

07 依序貼合皮料邊緣，先黏貼位於其中一邊兩端的直角，再貼合正中央的直線部分。

縫合皮料和內裡

縫合表側皮料和內裡的包褶底部。重點為內裡底部預留100mm暫不車縫，但需先摺邊。

01 利用銀筆在內裡包身底部100mm處做記號。

02 皮料邊緣塗抹橡皮膠，底部100mm和4個10mm邊不塗抹。

03 仔細地黏合以免形成皺褶。

04 以滾輪壓黏貼合部位。

05 利用銀筆在包身底部100mm處做記號。

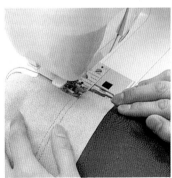

06 將拉鍊頭拉到中間，車縫距離皮料邊緣7mm處。

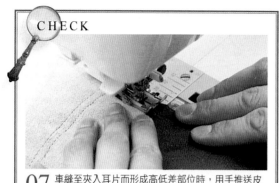

07 車縫至夾入耳片而形成高低差部位時，用手推送皮料。可用手轉動手輪以便更順利地車縫高低差部位。

處理車縫線。車好邊緣後狀態，底部100mm處上未車縫。

08

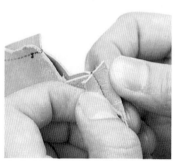

09 拉開皮料的側邊和底部縫份，用手指塗抹膠料。

10 拉開部分塗抹橡皮膠長寬15mm。

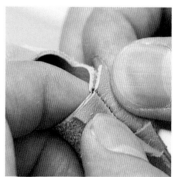

11 貼合塗抹膠料部位。

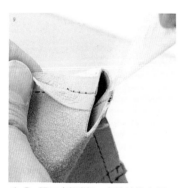

12 開口處裡側5mm處塗抹橡皮膠。

13 上下對齊皮料邊緣的車縫處後黏合。

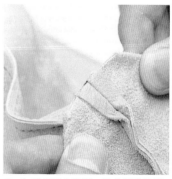

14 手指用力按壓。貼合部位如照片處理成一直線。

15 內裡也一樣，開口處裡側5mm處塗抹橡皮膠。

16 手指用力按壓以黏貼得更緊密。

17 底部朝下，車縫距離皮料邊緣7mm處，至少回縫3針。

CHECK

18 車縫內裡前將塗抹膠料部位倒向不同側。

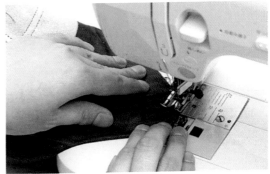

19 運用車縫皮料要領，車縫布邊7mm處，至少回縫3針。

20 內裡底部100mm處的表面上塗抹橡皮膠寬10mm，膠料乾了後摺邊、貼合。

21 裡側也以相同要領摺邊，處理後即可將包底黏貼得更美觀。

 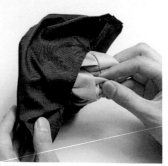

22 拉鍊完全拉開，從底部的開口處拉出整個包身。

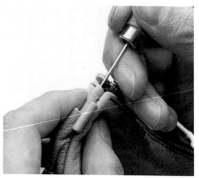

23 利用圓錐將邊角處理得更漂亮。

24 抓著內裡底部後拉出。

25 從開口處塗抹橡皮膠後黏合。

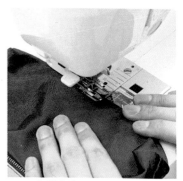

26 距離布邊3mm，車縫塗抹膠料部分。

最後修飾

將裝飾帶固定在拉鍊頭上以完成作品。打結方式不拘，這回介紹的是最基本的打法。

  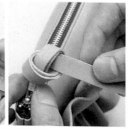

01 斜斜地修剪裝飾帶兩端。將裝飾帶穿入拉片，兩端調成相同長度後打死結。發揮巧思打上自己最喜歡的結型更有趣。

02 俏麗可愛的粉色系荷葉邊手拿包完成囉！

多層荷葉邊手提包

　大量使用荷葉邊，再綁上大型蝴蝶結，造型柔媚動人的手提包。包襠寬，容量大，方便取放物品，非常適合隨身攜帶，裡側裝了口袋，使用起來非常方便，絕對是輕鬆出門良伴。

製作＝CRAFT公司

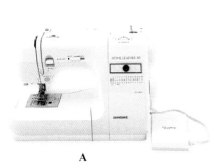

A

工具

A）縫紉機（使用HOME LEATHER 110）　B）曲尺　C）萬能剪刀　D）工藝剪刀　E）打火機　F）橡皮膠　G）上膠片　H）車縫線　I）梭線　J）滾輪　K）圓錐　L）雙面膠帶（寬3／5mm）　M）銀筆　N）直尺

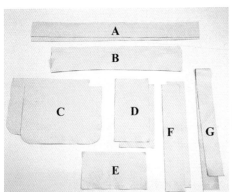

材料①

皮革…鼓染有色牛皮（＃1012）

A）蝴蝶結（×2）　B）荷葉邊（×5）　C）前後片包身　D）側包襠（×2）　E）包底　F）提把（×2）　G）包口滾邊

如照片右，蝴蝶結皮料一端10mm處斜打薄。荷葉邊皮料兩端5mm處打薄以摺邊，長邊25mm處斜打薄。前後片包身緣7mm、側包襠匸型部位7mm、包底緣7mm處層次打薄。提把兩端20mm處斜打薄。包口滾邊全面打薄0.8mm，其中一端10mm處斜打薄。請參考P185～紙型。

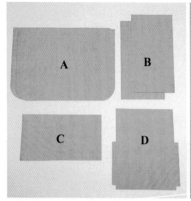

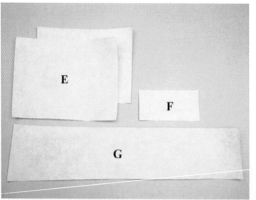

材料②

內裡…山東綢（米黃色）
A）前、後片包身　B）側
包襠（×2）　C）包底
D）內袋　尺寸：同各部位
皮料　襯料…接著襯
E）前、後片包身　F）包
底　G）側包襠（×2）和
底部
尺寸：前後片包身、側包襠
（×2）和底部襯料長寬都
略大於各部位皮料，包底長
寬則比該部位皮料小10mm。

製作各部位後縫合並做最後修飾

完成荷葉邊後縫在本體上以構成包身形狀，並於製作內裡和提把後，連同其他部位縫到包身上，再經過最後修飾即完成作品。

以皮料製作荷葉邊後縫在包身上

01 底下的皮料四邊各留10mm，包身皮料儘量擺在襯料的正中央，在避免形成皺褶狀況下貼合皮料。

02 貼合包身皮料後利用美工刀裁掉多餘的襯料。

03 以滾輪滾壓各部位皮料。

04 以長形皮料製作荷葉邊。往皮料兩端（裡側）10mm處塗抹橡皮膠。

05 反摺後滾壓以覆蓋住塗抹膠料部分。

06 如P.55設定為車縫紋路〔4〕，留下100mm線頭後，車縫距離邊緣2mm處。

07 在車縫終點也留下100mm線頭後剪斷車縫線。

08 拉緊裡側的車縫線以形成荷葉邊。

09 將皮料長度調整為245mm。

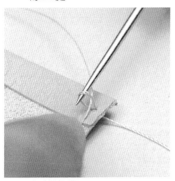  

10 以圓錐挑起裡側的縫線。

11 將車縫線打兩次結，只打一次結的話，後續作業中易鬆脫。

12 留下些許長度的線頭後剪斷車縫線。

13 以打火機燒燙線頭。反覆步驟04～13，完成五枚荷葉邊。

14 荷葉邊調整過後才貼到包身皮料上。

15 在包身皮料上做4處記號以黏貼荷葉邊，兩端分別空下10mm。

16 將寬5mm雙面膠帶貼在銀筆描的線條下方7mm處。

17 對齊銀筆描的線條，黏貼荷葉邊兩端，距離邊緣10mm處不黏貼。

18 黏好兩端後，邊黏貼整體、邊調整以免皺褶太密集。

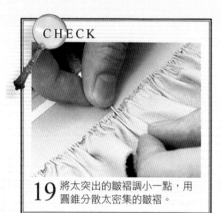

CHECK

19 將太突出的皺褶調小一點，用圓錐分散太密集的皺褶。

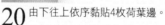

20 由下往上依序黏貼4枚荷葉邊。

21 以上線鬆緊度〔自動〕，針目長度〔4〕，車縫紋路〔4〕車縫邊緣5mm處。

22 車縫荷葉邊時至少回縫3針。車好後撕掉底下的雙面膠帶。

CHECK

23 如同照片左，因皺褶太密集而車不動時，建議以手動方式將荷葉邊連同皺褶一起往壓腳下推送，繼續往前車縫。

  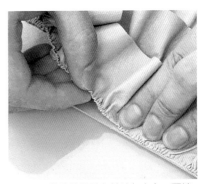

24 步驟21～23由上往下車好4枚荷葉邊後，將橡皮膠塗抹在前片包身的包口處（表側），兩端10mm處不塗抹。剩下的荷葉邊（裡側）邊緣10mm處也塗抹。

25 再將荷葉邊貼在前片包身上，兩端10mm處不黏貼。

 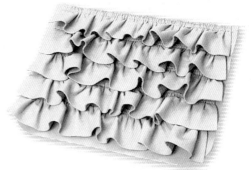

26 暫時車縫住前片包身的包口部位。

27 剪斷裡側的車縫線後燒燙線頭。

構成包身形狀

01 兩片側包襠都塗抹橡皮膠，塗抹在層次打薄的其中一個短邊表面7mm

02 底部的兩個短邊表面塗抹橡皮膠後黏合包襠部位。

03 照片中為貼合兩側包襠後狀態。

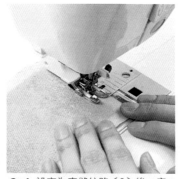

04 設定為車縫紋路〔3〕後，底部朝上，車縫邊緣7mm處，至少回縫3針。

05 用手指摳掉先前塗抹以暫時固定住包襠和包底的膠料。

06 包襠和包底分別塗抹膠料，再撥開縫份部位後黏貼。

07 以滾輪滾壓得更服貼。

08 避免形成皺褶，將側包襠和包底貼在材料G的襯料。

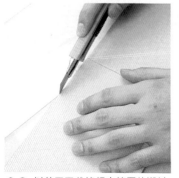

09 以美工刀裁掉超出範圍的襯料。

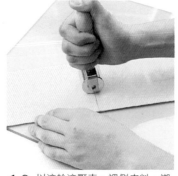

10 以滾輪滾壓表、裡側皮料。襯料用於補強受力較重的部位。

11 更仔細地滾壓因打薄而形成的高低差，以備下個步驟黏貼在包身上。

12 在前後片包身上做記號標好包底長度。紙型上戳孔更方便做記號。

CHECK

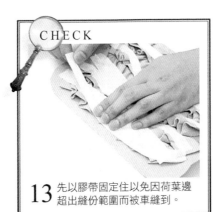

13 先以膠帶固定住以免因荷葉邊超出縫份範圍而被車縫到。

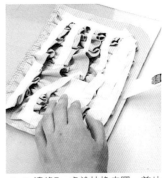

14 邊緣7mm處塗抹橡皮膠，前片包身的包口處不塗抹。

15 後片包身也一樣，邊緣7mm處塗抹橡皮膠，包口處不塗抹。

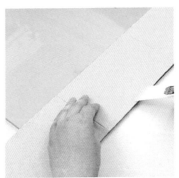

16 包底和兩側包襠的兩長邊7mm處也塗抹橡皮膠。

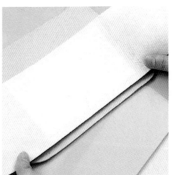

17 包底對齊先前以銀筆描在包身上的線條後貼合。

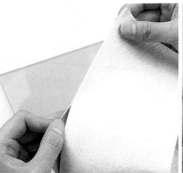

18 鼓起曲線部位狀態下，對齊包身部位的包口和包襠的邊角以黏貼直線部位。將包身部位往裡壓，再用手捏住以促使黏合。

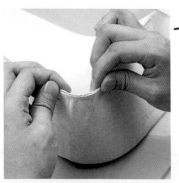

19 另一側曲線部位也在不形成皺褶狀態下緊密貼合。

由內側確認貼合後曲線部位是否形成皺褶。

20 後片包身也在黏合後車縫邊緣。

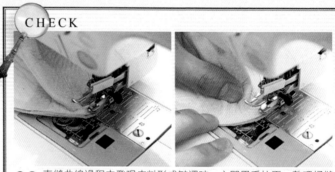

21 前片包身朝下，從包身部位的包口車縫距離邊緣7mm處。

CHECK

22 車縫曲線過程中發現皮料形成皺褶時，立即用手拉平，整理好縫份後才繼續車縫。

23 先車好前片包身邊緣，再從後片包身的包口處車縫後處理線頭。

24 用手拉開距離包身部位的包口25mm處，共4處。

25 先塗抹橡皮膠，再壓倒縫份後緊密貼合。

26 由裡側拉出包底，將包身翻回正面。

27 由裡側壓出，將包角整理得很工整後撕掉膠帶。

28 整理後的包身形狀。

製作內裡部位

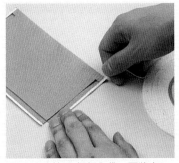

01 裡側朝內摺好內袋，再將寬3mm的雙面膠帶貼在反摺處。

02 黏好反摺部位後，將膠帶貼在反摺處邊緣。

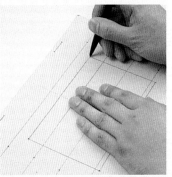

03 拿銀筆在後片包身裡側描線標註內袋固定位置。

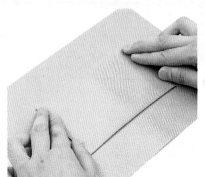

04 將內袋部位貼在銀筆描的固定位置上。

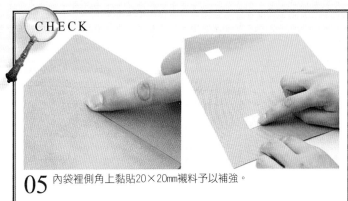

CHECK

05 內袋裡側角上黏貼20×20mm襯料予以補強。

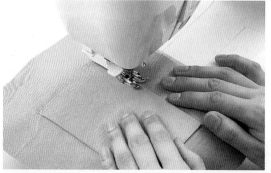

06 以針目長度〔3〕，車縫紋路〔4〕車縫邊緣2mm處，包口部位不車縫，至少回縫3針。

07 將車縫線拉入裡側，剪斷後燒燙線頭。

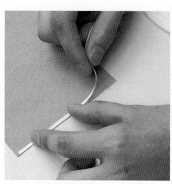

08 兩片包襠的其中一個短邊（表側）上黏貼寬5mm的雙面膠帶。包底則於2個短邊（表側）黏貼膠帶。

09 黏合包襠和包底。

10 車縫距離布邊7mm處。

11 車縫包襠和包底後，邊緣黏貼寬5mm的雙面膠帶。

POINT

包底黏貼膠帶，距離下方約200mm處不黏貼。

12 在前、後片包身上做記號標好包底長度。

13 將包底對齊銀筆描在包身上的線條後黏合，以便內袋位於裡側。

14 檢查裡側，發現曲線部位形成皺褶時，用手指整平皺褶。

15 後片包身也黏合後車縫邊緣。包底如照片留下一個開口。

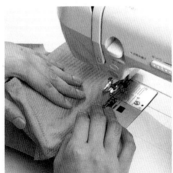

16 前片包身朝下，車縫距離包身部位的包口7mm處。車縫曲線部位時發現皮料形成皺褶，立即用手整平，整理好縫份後才繼續車縫。

17 車縫後片包身邊緣，小心別車到200mm開口喔！

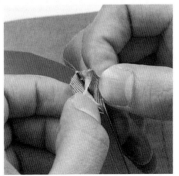

18 處理線頭後，用手拉開距離包身部位的包口25mm處並撕掉膠帶。

19 塗抹橡皮膠，壓倒縫份後確實貼牢。

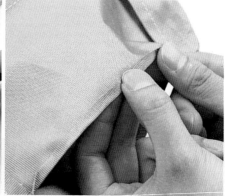

包底的200mm開口處塗抹橡皮膠寬約10mm後摺邊並黏合。

20

製作提把

01 拿銀筆在距離下邊39mm處描線。

02 將橡皮膠塗抹在39mm範圍內。

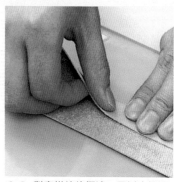

03 對齊描線後摺邊，再以滾輪壓黏。

04 塗抹膠料，對齊邊緣後黏合，再以滾輪壓黏。

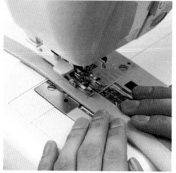

05 僅車縫有裁切口的皮料側邊緣2mm處，至少回縫2針。

06 處理縫線並做最後修飾，以便後續作業中連同其他部位縫在包身上。

最後修飾

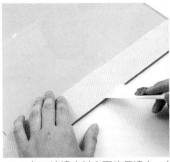
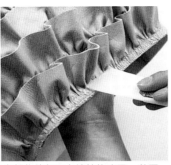
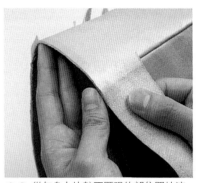

01 包口滾邊皮料表面的長邊上，包身部位的包口上塗抹橡皮膠一整圈，塗抹寬10mm。

02 從包身上比較不顯眼的部位開始滾上包口滾邊皮料。

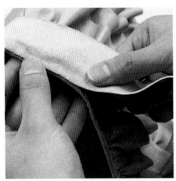

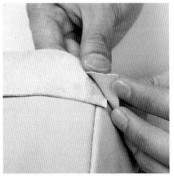

03 對齊包身部位的包口邊緣，黏貼滾邊皮料一整圈。

04 黏貼終點多留10mm後剪斷。

05 剪斷部位塗抹橡皮膠後貼牢。

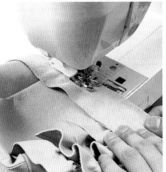
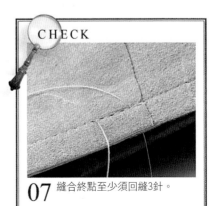

06 拆下輔助台，將包身部位套在縫紉機台上，從包身部位的包口處車縫距離邊緣9mm處。

CHECK

07 縫合終點至少須回縫3針。

08 車縫後翻面，使包口部位朝上。

09 在前、後片包身的滾邊皮料上畫線標好固定提把和蝴蝶結的位置。

10 將各部位依序黏貼在包身上。

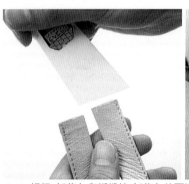

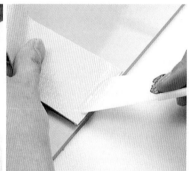

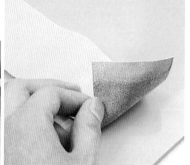

11 提把（2條）和蝴蝶結（2條）的兩端10mm處分別抹上橡皮膠。如照片右所示，蝴蝶結皮料抹在打薄端，提把皮料抹在車縫後針目位於外側的部位。

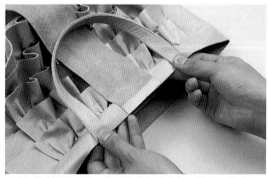

12 橡皮膠乾了後，對齊包身部位的包口邊緣，黏合各部位。

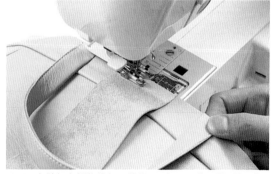

13 車縫包身部位的包口邊緣5mm處，至少回縫3針，剪斷車縫線後往下個步驟。

14 在前、後包身部位的內裡上描線標出提把與蝴蝶結的位置。

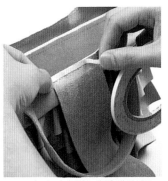

15 包身（表側）靠邊黏貼寬5mm膠帶一整圈。

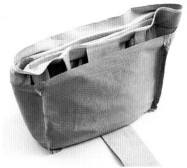

16 將包包放進內裡，再將內裡的口袋調到包包背面。蝴蝶結則從包底拉出。

17 撕掉雙面膠帶，對齊內裡上的記號後黏貼提把和蝴蝶結。

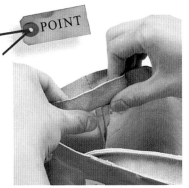

POINT

調整好各個角落後才貼合，將整體修飾得更漂亮。

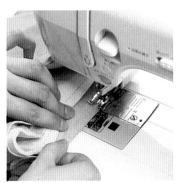

18 距離邊緣7mm處暫時車縫一整圈。

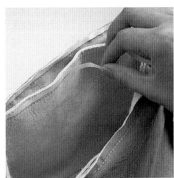

19 將雙面膠帶貼在包包本體和滾邊皮料的邊緣，膠帶背紙暫時不撕掉。

20 從內裡底部拉出包包本體。

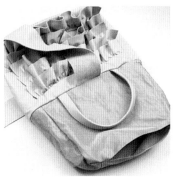

21 照片中為完全拉出後狀態。捏著包角即可拉出更好看的狀態。

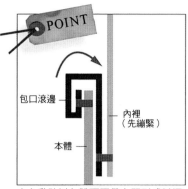

POINT

包口滾邊 ──

內裡
（先繃緊）

本體 ──

22 把手伸入包底的開口處，撕掉步驟19黏貼的雙面膠帶背紙。由包包本體邊緣摺入包口滾邊皮料後黏貼，將照片左狀態處理成照片右狀態。

小心黏貼以免雙面膠帶之間形成皺褶。

POINT
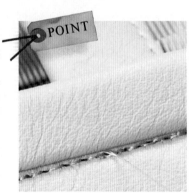
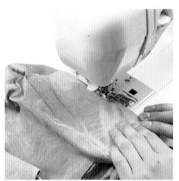

23 將包底的開口處套在縫紉機台上，車縫（落針壓縫）反摺處邊緣。

車縫終點至少回縫5針。製作裝重物的包包時，提把最好經過2度車縫。

24 在包底的開口處裡側塗抹橡皮膠，貼合後車縫底部開口處。

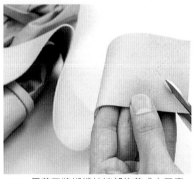

25 用剪刀將蝴蝶結端部修剪成自己喜歡的形狀。

車縫了好幾層色澤典雅、形狀俏麗的荷葉邊，多層次荷葉邊手提包大功告成！

26

皮革工藝愛好者齊聚一堂！
作品佔壓倒性多數的皮革工藝業界老店

CRAFT公司 荻窪店
東京都杉並區荻窪5-16-15
Tel. 03-3393-2229　Fax 03-3393-2228
營業時間 11：00～19：00　第2、4星期六10：00～18：00
休假日　第1、3、5星期六／日／假日
URL http://www.craftsha.co.jp

MAP

　　店裡琳琅滿目地陳列著工具或材料。CRAFT公司以品項豐富和卓越品質因應消費者需求，是從堪稱「超級⋯」的皮革工藝初學者，到凡事講究的熟練者想盡辦法至少要去逛上一趟的好地方。已經想好作品的人不妨撥空前往店裡尋找適合的品項，還不知道自己要做什麼作品的人，到店裡逛逛，看看陳列的作品，說不定就因此產生製作念頭，激盪出創作靈感呢。店裡的成員都是非常精通於皮革工藝的專家，有問題的時候不妨開口請教，他們一定會很樂意地協助您將創意構想具體地呈現在作品上。店面就設在日鐵東京丸之內線荻窪車站西側出口徒步約2分鐘處。希望更進一步地享受皮革工藝樂趣的朋友們，建議您洽詢併設於CRAFT公司的〔CRAFT學園〕。

1 店面佔地寬廣，縱深度十足，除擺放材料或工具外，還陳列著樣品或書籍。　**2** 齊備各種素材、顏色、價格的皮料。

鑰匙包

白色牛皮加上一朵小花飾和固定釦，構成小巧可愛的鑰匙包。不佔空間，連小皮包都裝得下，非常適合當作禮物送人的作品。製作小花飾時錯開花瓣位置，將多瓣花朵表現得更自然。

製作=Leather Works Heart

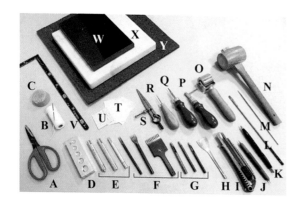

工具

A）工藝剪刀　B）手縫針、麻線　C）線蠟（蠟）　D）萬用環狀台　E）棒狀斬具（四合釦斬、雙面固定釦）
F）菱斬（寬2mm）2、4、10根刀刃　G）圓斬8、10、12號　H）刮板　I）美工刀　J）描筆　K）銀筆　L）水彩筆　M）竹籤　N）木槌　O）滾輪　P）拉溝器　Q）削邊器　R）菱錐　S）間距規　T）帆布　U）砂紙　V）曲尺　W）橡膠板　X）大理石　Y）毛氈墊
其他：透明床面處理劑、白膠、ORLY艷色劑

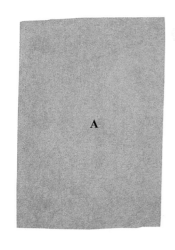

B

A

C

材料

A）豬絨面革（厚0.7mm）約170mm×120mm
B）牛皮（厚1.2mm） C）牛皮（厚1.6mm
）約170mm×120mm D）鑰匙扣環 E）
裝飾固定釦（φ6mm） F）雙面固定釦（
φ6mm） G）四合釦〔中〕（φ12mm）

D **E**

F

G

裁切各部位

將紙型擺在牛皮上，描好線條，沿著線條裁切本體部位。就從依據紙型上記載裁切牛皮後開始解說吧！

依紙型裁切牛皮後擺在豬絨面革上，用手壓住以免錯開位置，再以銀筆描好輪廓。

01

拿銀筆沿著本體描線後情形。調整位置到可描上整個本體範圍後才描線。

02

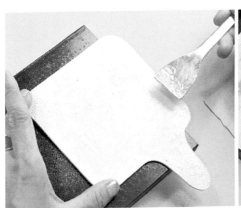

本體的肉面層和豬絨面革上塗抹橡皮膠。擺在橡膠板等工具上，架高後從邊緣開始薄薄地推開膠料，避免塗抹太多膠料。皮革工藝專家們喜歡以吃文字燒時使用的小鏟子塗抹橡皮膠。

03

04 將本體和豬絨面革上膠料刮得很均勻以加速乾燥。豬絨面革需塗抹在摸起來很光滑的皮面層（裡側）上。

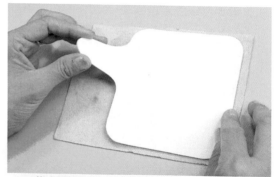

05 橡皮膠乾了後，將本體對齊描在豬絨面革上的記號線以貼合皮料。

06 以滾輪滾壓得更平坦既可避免形成皺褶，還可擠壓掉空氣。

07 沿著本體輪廓裁切掉多餘的豬絨面革。用美工刀，小心裁切以免割到本體。

POINT

扣帶部位的豬絨面革最容易形成皺褶，必須和裁切方向相反，在繃緊皮料狀態下依序裁切。

08 照片中為裁掉多餘的豬絨面革後狀態。確認是否有忘記裁切或豬絨面革上出現皺褶等情形。

縫合各部位

貼合本體和豬絨面革，裁掉多餘部分後，縫合周邊。打孔作業需要些技巧，動手前必須確認步驟。

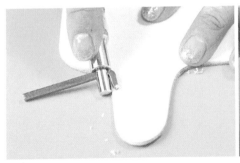

將拉溝器間距調整為3mm，再沿著本體輪廓拉溝一整圈吧！

01

02 從扣帶部位開始壓好斬打縫孔的記號。由扣帶端部朝著本體，左右均等地壓記號。

03 壓好記號後，豎起菱斬，木槌不偏不倚地敲下，打上縫孔。必須筆直豎立菱斬才不會打歪掉喔！

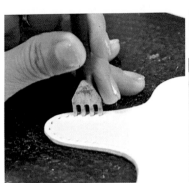

04 靠近直線部位時，換拿四菱斬，繼續打上縫孔。曲線部位以雙菱斬壓記號。處理直線部位較長的本體時，有準備的話，使用十根刀刃的菱斬可更迅速地完成打孔作業，未準備的話，就以四菱斬打上縫孔吧！

05 從扣帶端部開始，到對邊的曲線部位為止，縫孔斬打作業一氣呵成。

06 處理最後的直線部位，為了統一縫孔間距，先以均等間距壓記號，再對齊皮料邊角後打上孔洞。間隔差異太大將嚴重影響完成度或耐用度。

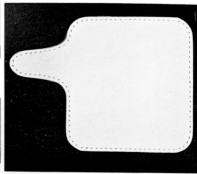

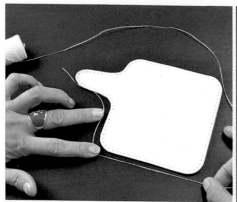

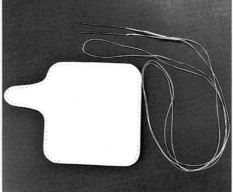

07 準備麻線。需繞縫本體一圈，建議將麻線擺在本體周邊測量，準備周圍長度3.5倍的麻線。麻線剪斷後過蠟，兩端分別穿上縫針。

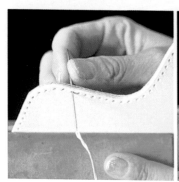

08 夾入手縫固定夾後縫合。從扣帶部位下方、曲線部位附近作為縫合起點，縫合終點就不會太醒目。

09 沿著縫孔一針一針地用心往前縫。

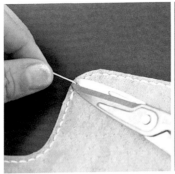

10 避免縫線太鬆,縫好一針就往兩側拉緊縫線,縫上緊實的針目。

11 繞縫本體一圈後回縫2個縫孔,再將縫線穿向豬絨面革側。留下1～2mm縫線,用剪刀剪斷後抹上白膠以固定住線頭。

安裝金屬配件

將鑰匙包專用金屬配件或裝飾用固定釦安裝在本體上。安裝金屬配件前必須依紙型上記載尺寸打好安裝孔。

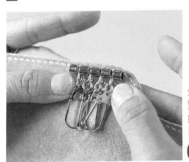

金屬配件上邊注意對齊本體上的縫合針目,擺好後和針目平行。

01

對齊後避免配件偏離位置,邊固定、邊以銀筆做記號標好金屬配件安裝位置。

02

03 利用圓斬在銀筆描的記號上預鑿安裝孔。使用8號圓斬。

04 將金屬配件對齊預鑿安裝孔位置,再以雙面固定釦暫時固定住。擺在萬用環狀台上,以木槌敲打固定釦斬以固定住金屬配件。

05 擺好紙型，拿圓錐在安裝四合釦的部位做記號，將記號作在距離端部、左右兩側約10mm處。

06 將12號圓斬抵在皮料上預鑿安裝孔。圓斬必須垂直打入。

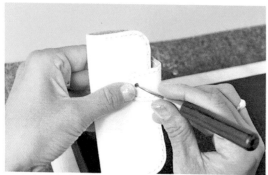

07 如同本體完成後狀態摺彎扣帶，再以圓錐做記號標好四合釦（公釦）安裝位置。依鑰匙大小或厚度適度調整位置。

08 將圓斬抵在四合釦（公釦）安裝位置上，預鑿安裝孔。使用10號圓斬。

將四合釦（公釦）插入安裝孔，再以四合釦斬固定住。使用萬用環狀台的平面側。

09

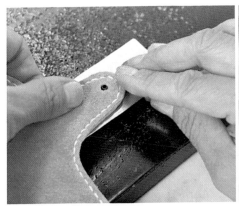

接著安裝四合釦的母釦。將面釦套入安裝孔,再套上母釦,敲打四合釦斬以固定住。調整角度至母釦斜對著公釦。

10

固定小花飾

完成本體後裝上小花飾,處理此作品的重點裝飾部分,遵照紙型中記載裁切花片,固定作業必須很慎重。

先裁好2枚花片,重疊花片後預鑿安裝孔。使用8號圓斬。

01

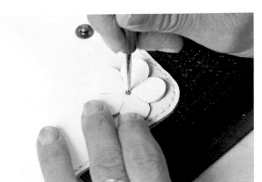

02 拿圓錐在本體上標註固定位置。紙型上記載著該位置,但建議視作品形狀或個人喜好而定。

03 以圓斬預鑿安裝孔,使用8號圓斬。

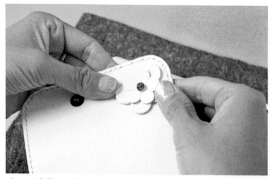

04 重疊2枚花片，以裝飾固定釦暫時固定住。錯開花瓣位置以調整出最漂亮的姿態。

CHECK

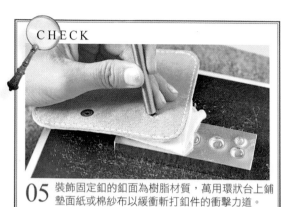

05 裝飾固定釦的釦面為樹脂材質，萬用環狀台上鋪墊面紙或棉紗布以緩衝斬打釦件的衝擊力道。

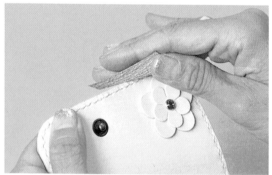

06 以削邊器削除本體的稜邊，放在橡膠板或木片上，擺在高一點的地方操作更得心應手。

07 利用砂紙將整個裁切面打磨得更平滑。裁切時留下的刮痕或高低差都在這時候處理得更平坦。

08 將透明床面處理劑塗抹在裁切面上，照片中使用水彩筆，一次塗抹約50mm，別一次就塗抹一整圈喔！

09 利用帆布打磨塗抹處理劑的部分，裁切面越來越圓潤、越有光澤。反覆步驟08與09，處理好整個裁切面。

10 塗抹ORLY艷色劑。慎重塗抹以免抹到其他部分。照片中使用粗竹籤。

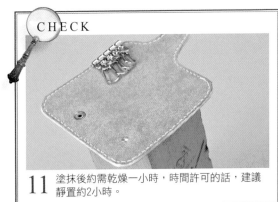

11 塗抹後約需乾燥一小時，時間許可的話，建議靜置約2小時。

利用1000號左右的細砂紙來打磨裁切面。打磨後塗抹2回艷色劑，將裁切面處理得很美觀。

12

13 艷色劑乾了後，略帶圓潤度的裁切面就會散發出光澤。這是非常適合白色皮革的加工方式。

14 艷色劑完全乾了後，鑰匙包就完成囉！

小花提包

　　本單元中將解說一款清新脫俗，最適合搭配春裝的小花提包作法。完全使用白色牛皮，只有包蓋的釦件部分使用蜥蜴皮。百分之百手工縫製，再加上前片包身上那朵立體感十足的小花飾，巧妙地搭配出這款非常有個性，令人愛不釋手的手提包。

製作＝Leather Works Heart

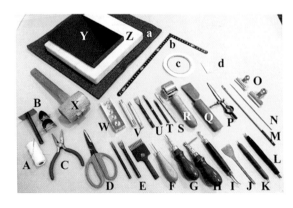

工具

A）手縫針、麻線、線蠟（蠟）　B）可調式皮帶尾斬
C）鉗子（夾鉗）　D）工藝剪刀　E）菱斬（2mm）2、4、10根刀刃　F）圓錐　G）削邊器　H）拉溝器　I）壓叉器　J）刮板　K）描筆　L）銀筆　M）毛刷　N）竹籤　O）夾子　P）間距規　Q）裁皮刀　R）滾輪　S）平鑿　T）圓斬（8號）　U）菱斬（2mm刀刃方向相反）2、4根刀刃　V）衝鈕器（裝飾固定釦、雙面固定釦）
W）萬用環狀台　X）木槌　Y）橡膠板　Z）大理石
a）毛氈墊　b）曲尺　c）雙面膠帶　d）砂紙、帆布
其他：透明床面處理劑、白膠、防水處理劑、艷色劑

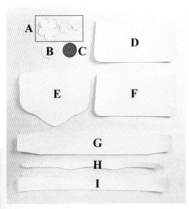

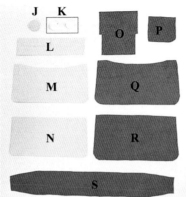

材料

A）花片 B）甜甜圈釦 C）蜥蜴皮（約50mm平方） D）前片包身 E）包蓋 F）後片 G）一片式包襠 H）提把表側皮料 I）提把內裡 J）不織布接著襯 K）彈性襯 L）包底襯料 M）前片包身襯料 N）後片包身襯料 O）內袋 P）豬絨面革（花片） Q）前片包身 R）後片包身 S）一片式包襠 T）磁釦 U）裝飾固定釦（φ9mm） V）裝飾固定釦〔中〕 W）雙面固定釦〔小〕（φ6mm）

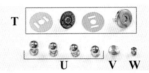

製作包蓋

依據紙型中記載，裁切小花提包外側的白色牛皮後分別完成各部位。使用皮料以厚1.6mm牛皮為主。

01 包蓋皮料上擺好紙型，以圓錐標好中心線、釦件安裝位置、縫合位置。

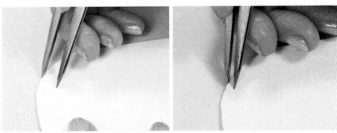

02 從紙型上的記號處開始，拿間距規在後片包身上描兩條縫合線。將間距規距離設定為3mm、10mm後描線。

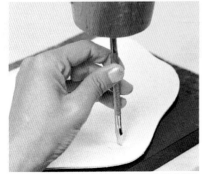

03 利用平鑿在金屬配件安裝位置上鑿2個長形孔。

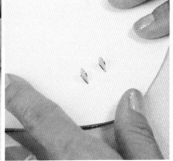

04 使用金屬配件為磁釦。從肉面層側插入公釦後，皮面層上出現兩根釦腳。皮料確實壓入釦腳底部，以免釦件和皮料之間形成縫隙。

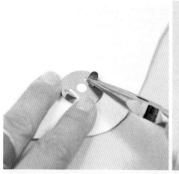  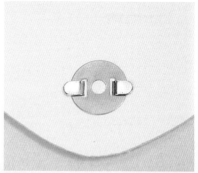

05 墊片套入釦腳後往外折。利用尖嘴鉗或夾鉗，將釦腳筆直地往外折，再以木槌柄部槌打得更平坦。

06 裝好磁釦後狀態。確實折彎以免釦腳翹起。

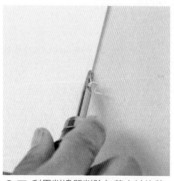  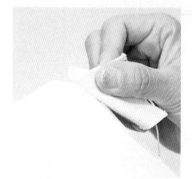

07 利用削邊器削除包蓋皮料的稜邊，皮、肉面層都削邊。

08 裁切面上塗抹透明床面處理劑，別一次塗完，每次塗抹約50mm。

09 以帆布打磨塗抹處理劑部位，必須全面打磨。

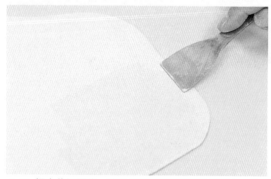 

10 打磨裁切面後，將防水處理劑塗抹在肉面層上，塗抹一回就能抑制肉面層起毛現象。

11 全面塗抹防水處理劑後靜待乾燥。

製作甜甜圈鈕

甜甜圈鈕是提包上最令人印象深刻的配件，白色包身將蜥蜴皮顏色或紋路襯托得更亮眼。重疊2片襯料，將鈕件處理得更厚實飽滿。

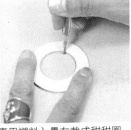

01 將不織布接著襯（服飾專用襯料）疊在裁成甜甜圈狀的牛皮上。拿起銀筆沿著裡側邊緣描線。

02 對齊裡側邊緣線條，重疊2片裁成圓形的彈性襯（φ30mm）後貼合。彈性襯具備增加厚度等作用。

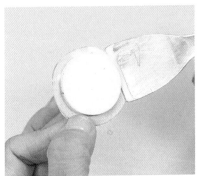

03 將白膠塗抹在接著襯和2片黏在一起的彈性襯上。

04 覆蓋住襯料似地貼好蜥蜴皮。重疊彈性襯部位形成高低差（厚度），建議邊黏合、邊夾夾子以促使緊密黏合。

05 利用間距規，沿著裁成甜甜圈狀的牛皮表、裡側邊緣描線。將間距規距離設定為3mm。

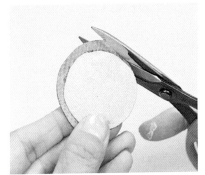

06 貼合後拿起剪刀沿著接著襯邊緣修剪蜥蜴皮。

07 將甜甜圈狀牛皮疊在蜥蜴皮上確認位置，鼓鼓的部位必須位於中央。

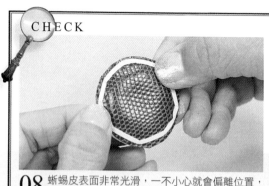

CHECK

08 蜥蜴皮表面非常光滑，一不小心就會偏離位置，建議黏貼寬3mm的雙面膠帶以固定牛皮。

CHECK

09 將牛皮疊在蜥蜴皮上，再將雙菱斬抵在內緣描線處壓好斬打縫孔的記號。往兩側壓記號吧！

不是往同一個方向喔！往兩側壓斬打縫孔的記號更方便調整間隔，打上更漂亮的縫孔。對齊皮料，壓好記號後打上孔洞。

10

11 縫合牛皮和蜥蜴皮。準備麻線以縫合距離的4.5倍為基準。縫合一整圈後回縫1孔，再將縫線穿向接著襯側，留下縫線約1mm後剪斷。

12 在剪斷麻線後塗抹白膠以固定住線頭。利用縫針針尖更方便塗抹。

13 距離牛皮外緣4mm處的內側黏貼寬5mm雙面膠帶一整圈，這部分不使用膠料，靠雙面膠帶固定住。

14 撕掉膠帶背紙後貼在包蓋皮料上。對齊中心線，調整位置，固定在包蓋的正中央。

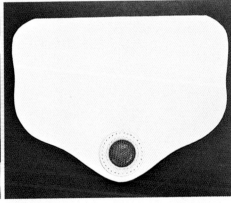

甜甜圈釦外緣描線處以雙菱斬打壓好記號後打上縫孔。

15

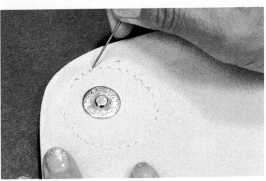

16 以縫合內緣要領縫合外緣部分。縫合後將麻線穿向包蓋的肉面層側，留下約1mm後固定住線頭。

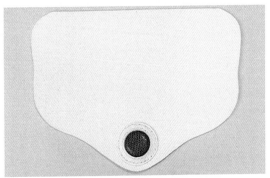

17 縫合甜甜圈釦後包蓋部位就完成囉！

製作前片包身

製作位於提包正面的前片包身，主要作業為製作小花。前片包身和包蓋一樣，是這款包包上最顯眼，必須特別精心處理的部位。

01 將紙型擺在前片包身的皮料上，再利用圓錐描線以雕切小花的花瓣。

02 將U字型皮帶尾斬（30mm）抵在描好的花瓣線條上，木槌由斬具正上方敲下，如紙型套切花瓣。未準備U字型斬具的話，可用美工刀沿著描線處切割。

POINT

照片中為花瓣部分套切後狀態，以皮帶尾斬套切皮料，就不會將線條裁切得歪歪扭扭。

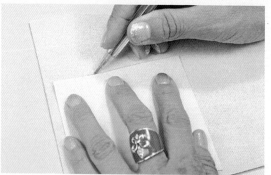

03 決定小花裡側的絨面革黏貼位置。將紙型擺在肉面層上，以銀筆描好位置。

04 花瓣以外及中心部分都塗抹白膠後，貼上依紙型裁切的豬絨面革。豬絨面革的肉面層朝下（外側）黏貼。

05 花瓣部位微微地推出弧度，露出豬絨面革後，小花顯得更立體。

06 在花片中心疊放另一枚花片〔大〕後，以8號圓斬打上孔洞。

07 將雙面固定釦插入花片中心的孔洞以暫時固定住。

08 敲打固定釦斬以便牢牢地固定住雙面固定釦的頭部。

09 重疊花片〔中〕和〔小〕，再以8號圓斬於花心處打上孔洞。

10 套入裝飾釦，暫時固定住。

CHECK

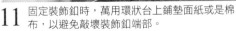

11 固定裝飾釦時，萬用環狀台上鋪墊面紙或是棉布，以避免敲壞裝飾釦端部。

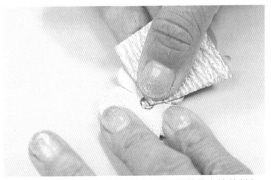

12 利用砂紙磨粗固定釦端部，以便塗抹強力接著劑之後，將裝飾釦的固定部位貼在前片包身上。

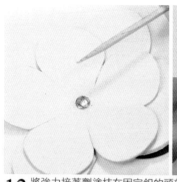

13 將強力接著劑塗抹在固定釦的頭部。以竹籤等小心塗抹，抹在花片遮擋住的部分。看不到皮面層，多塗一些沒關係。

14 將花片〔中〕和〔小〕貼在前片包身上。扣上固定釦配件後才貼合。

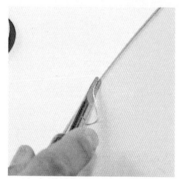

15 以削邊器削除稜邊，只處理前片包身上側。

16 往削除稜邊部位塗抹透明床面處理劑。

17 利用帆布將削邊部位打磨出光澤。

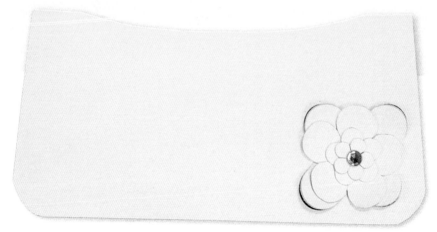

打磨裁切面後即完成前片包身處理作業。先處理上側的裁切面，因為那是後續作業中不方便處理的部分。

18

製作後片包身

和前片包身成雙成對的就是後片包身，後片包身上將縫合包蓋，因此必須正確地找出位置，免得包蓋縫歪掉。

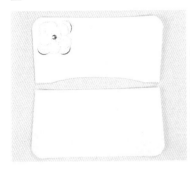

照片（下）就是要製作後片包身的皮料，先處理上邊的裁切面。先以削邊器削除稜邊，再塗抹透明床面處理劑並打磨。

01

將包蓋皮料擺在後片身的紙型上以決定縫合位置。

02

將紙型擺在後片包身皮料上，描好中心線，戳孔標好縫合起點、縫合終點後，再描線以連接中心線。

03

04 手拿砂紙沿著描好的線條磨粗表面，再塗抹白膠，將膠料塗抹成細線狀。

05 縫合包蓋部位也塗抹白膠。

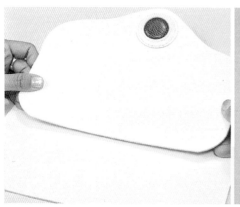
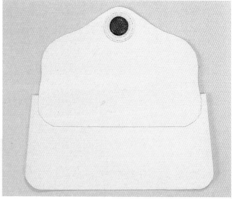

邊對齊先前描好的線條，邊將包蓋貼在後片包身皮料上。

06

先沿著縫合線壓好記號，再以菱斬打上縫孔。從兩端開始，到曲線部位為止，左右均等地壓好記號。曲線部分使用雙菱斬，直線部分使用10根刀刃的菱斬。

07

CHECK

08 以雙菱斬或四菱斬調整縫孔間距以便斬打相同距離的縫孔。

09 準備十根刀刃的菱斬，除可更迅速地完成直線部位的打孔作業外，還可避免中途將縫孔打歪掉。

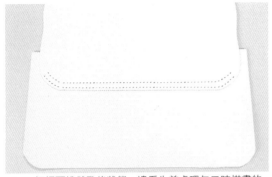

10 打好兩排縫孔後狀態。邊看先前處理包口時描畫的線條，邊打上均等距離的縫孔。

11 以一條麻線縫合兩排縫孔。準備兩排縫孔×3.5倍長度的麻線。

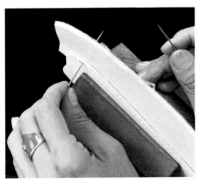

12 從端部插入縫針，縫合起點跨越兩排縫孔，縫上兩道線。

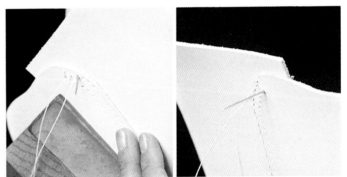

13 跨越兩排縫孔，縫線穿過縫孔後縫合其中一排。另一側也跨越兩排縫孔，縫上兩道線後才繼續縫合。

14 縫一整圈後回縫2孔，留下縫線約1mm後剪斷，塗抹白膠以固定住線頭。

15 決定黏貼襯料位置。將襯料分別擺在前、後片包身上以銀筆描好輪廓，均等擺放以免襯料超出範圍。

16 前、後片包身皮料上薄薄地均勻塗抹橡皮膠。擺好襯料，描線範圍外不黏貼襯料，不需要塗抹橡皮膠。

17 襯料上也薄薄地均勻塗抹橡皮膠。

 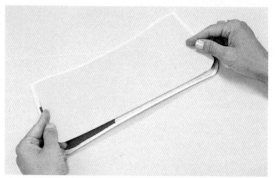

仔細地塗抹橡皮膠至襯料邊緣，抬高邊緣更方便塗抹。塗抹後擺放至膠料乾了為止。

18 對齊先前描的線條，黏貼襯料，確實對齊位置以免襯料超出範圍。

19 黏貼後片包身，由下往上，沿著線條更方便黏貼。

20 貼合後利用滾輪滾壓掉空氣以免形成皺褶。

21 後片包身和包蓋縫合準備工作至此告一段落。

製作提把

提把為使用提包時最常接觸到的部位，除長度或粗細度（寬度）外，提握形狀也很重要。動動腦筋對長度或形狀構思出更好用的提把更是樂趣無窮。

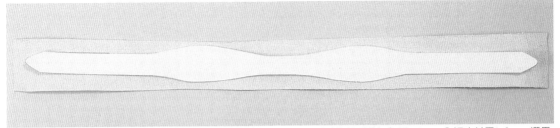

01 將依據紙型裁切的提把皮料（表側）疊在內裡皮料上。表側皮料（依紙型裁切）厚1.6mm，內裡皮料厚1.2mm，選用容易彎曲的素材。配合表側皮料形狀裁切內裡皮料後修整形狀。

02 重疊表側皮料的狀態下，一手按住皮料以免錯開，一手拿銀筆描繪輪廓。

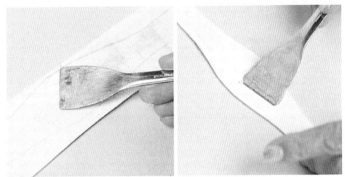

03 表、內裡側皮料上分別塗抹橡皮膠，裡側皮料塗抹輪廓線範圍內，稍微抹到外面也沒關係。

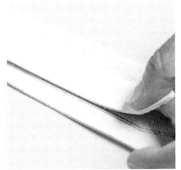

04 橡皮膠乾了後，沿著輪廓線，將表側皮料貼在內裡皮料上。

05 將滾輪擺在內裡皮料上確實地滾壓。

06 以V字型皮帶尾斬（20mm）套切兩端，未準備的人以美工刀裁切。

07 利用裁皮刀將裡側皮料裁成表側形狀。

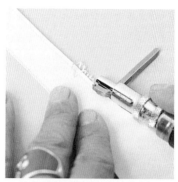

08 拉溝器沿著提把皮料邊緣拉溝一整圈。

09 拿圓錐在提把兩端鑽孔。

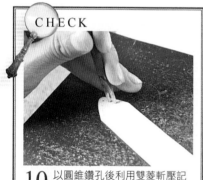

CHECK

10 以圓錐鑽孔後利用雙菱斬壓記號。

11 直線部位使用十根刀刃的菱斬，平緩的曲線部位以四菱斬壓記號，整條皮料都壓好記號後打上縫孔吧！

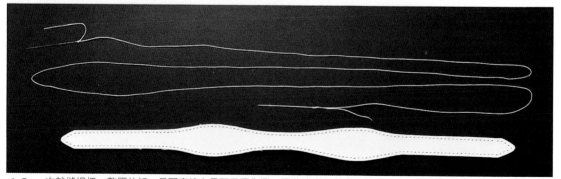

12 一次就縫提把一整圈的話，易因麻線太長而干擾作業，因此決定從其中一端縫到另一端，分成兩回縫合。準備長度為縫合距離3.5倍的麻線。

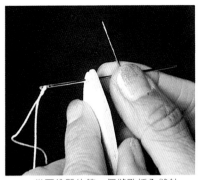

13 從圓錐鑿的第一個縫孔插入縫針，一直縫到另一端的縫孔。

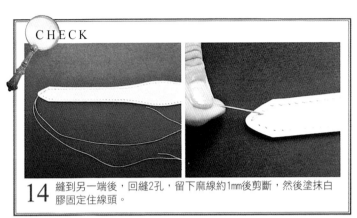

CHECK

14 縫到另一端後，回縫2孔，留下麻線約1mm後剪斷，然後塗抹白膠固定住線頭。

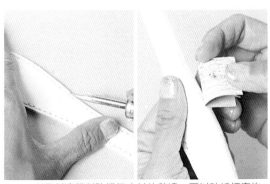

15 另一側也從頭縫到尾。分2回縫合以免因麻線太長干擾作業。照片中為縫合後狀態。

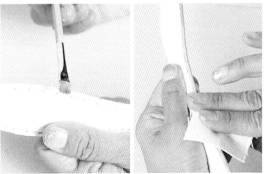

16 利用削邊器削除提把皮料的稜邊，再以砂紙打磨均勻，一直打磨到完全看不出貼合後形成的高低差。

17 打磨部位塗抹上透明床面處理劑，每次塗抹約1／4圈，再以帆布打磨，反覆以上步驟，將裁切面處理得更平滑。

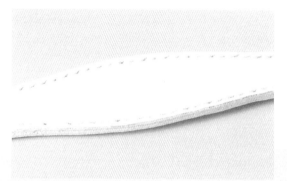

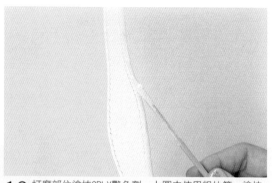

18 打磨裁切面後狀態。從外觀上就可看出已經削除稜邊並打磨得很圓潤，甚至打磨出光澤。

19 打磨部位塗抹ORLY艷色劑，上圖中使用粗竹籤。塗抹後至少陰乾1小時，狀況許可下建議乾燥約2小時。

CHECK

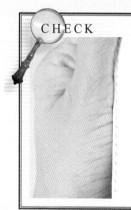

塗抹2回艷色劑
以修飾皮料

艷色劑乾了後，利用砂紙，將裁切面打磨得更平滑，反覆2回以修飾得更美觀。

20

21 塗抹艷色劑2回，修飾過裁切面後已經看不出高低差，還打磨得很光亮。

22 打好孔洞，準備安裝到本體上。擺好紙型，以圓錐做記號標好打孔位置，再以12號圓斬打上兩個小圓孔。

製作一片式包襠

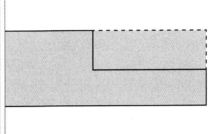

這款提包採用的是經由包底，從左側延伸到右側的一片式包襠。包襠上先打好縫孔，再摺彎側邊，依序處理成可縫合狀態。

打薄側邊以降低縫合難度

包襠的長邊打薄成厚1mm。因打薄皮料，削除多餘的皮料厚度，而降低縫合難度。

01 利用削邊器削除包襠兩側（短邊）的稜邊。

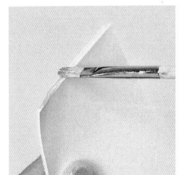 

02 削邊後塗抹透明床面處理劑，再以帆布打磨，兩端都打磨。這是縫合後就難以處理的部位，因此必須先行處理。

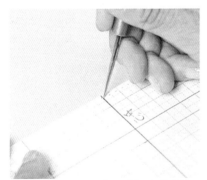

03 擺好紙型後在中心點上戳1個小孔。

 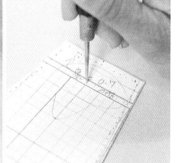

04 安裝提把部位也擺好紙型，做記號標好位置。提把兩端分別固定兩處，因此必須戳上兩個小孔。

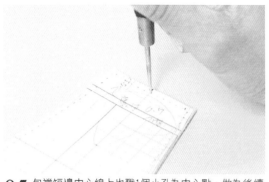

05 包襠短邊中心線上也戳1個小孔為中心點，做為後續打孔作業之基準。

06 將間距規距離設定為3mm，再沿著包襠皮料邊緣描線一整圈。

POINT

07 戳一個小孔做為打孔基準，目的為統一前、後片包身的孔數。紙型上並未記載，請適度地確認。

於包襠部位斬打孔洞時使用刀刃方向相反的菱斬，目的為統一貼合後的孔洞方向。

08 使用刀刃方向相反的圓斬，從中心點開始壓記號後依序打上縫孔。打孔前就決定孔數，以便統一前、後片包身皮料上的縫孔數。

09 從包襠短邊的中心點開始，左、右側都壓上相同孔數的記號後斬打縫孔。

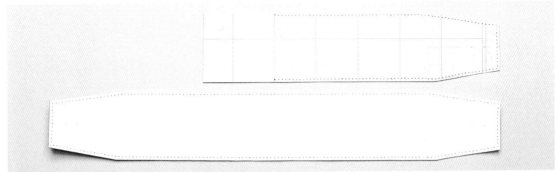

10 一片式包襠周邊打好縫孔後狀態。這種孔數完全相對應的縫法素稱「駒縫合」。以中心點為基準，先算好總共得打上幾個縫孔吧！紙型中長邊上打64個孔（中心點＋左右，共129個），短邊上打5個孔（中心點+上下，共11個）。

11 將12號圓斬抵在中心點記號上斬打固定提把的孔洞。

12 利用描筆在距離裁切面5mm處戳孔做記號，共戳10個孔。

13 將沾水的海綿擺在肉面層上潤濕皮料表面。

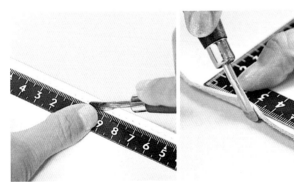

14 以壓叉器拉上溝痕，像在連接距離裁切面5mm的記號。包襠長邊才需要拉溝。拉溝後利用壓叉器挑起皮料，靠在曲尺上彎皮料。

15 一片式包襠長邊5mm處摺彎後狀態。皮料彎曲近90度。

前、後片包身打孔

前、後片包身皮料上也斬打縫孔以對應包襠皮料的縫孔位置和孔數，儘量對齊孔洞位置以降低後續縫合難度。

 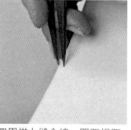

01 利用間距規在前片包身四周描上縫合線。間距規距離設定為3mm。

02 將紙型擺在前片包身皮料上，以圓錐做記號標好中心點，再以該記號為基準，利用菱斬在縫合線上壓記號。

03 後片包身皮料上也以設定為3mm的間距規描上縫合線。已縫合包蓋部位須在翻開該部位狀態下描線。

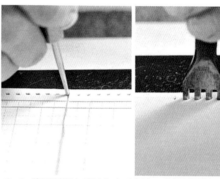

04 將紙型擺在後片包身皮料上，以圓錐做記號標好中心點，再以該點為基準，利用菱斬壓好斬打縫孔的記號。

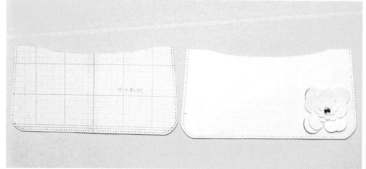 

05 以紙型為基準打好縫孔後狀態。前、後片包身都以中心點為基準，在縫合包襠部位斬打縫孔。上側將縫合內袋，此階段暫不斬打縫孔。

縫合各部位

分別完成前後片包身、提把、一片式包襠部位，經過縫合後提包逐漸成型，因此，本單元中之作業可說是製作這款包包最重要、最精采的部分。

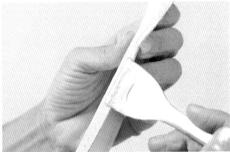

前片包身邊緣和包襠部位分別塗抹橡皮膠。前片包身塗抹邊緣5mm處，包襠塗抹摺彎部位。

01

02 橡皮膠乾了後，黏貼前片包身和包襠部位。從中心點開始黏貼，黏貼曲線部位時，邊摺彎包襠、邊調整形狀。

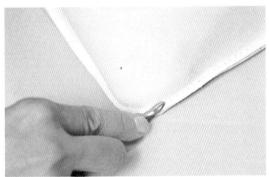

03 配合前片包身形狀黏貼包襠後，利用壓叉器，將一片式包襠壓黏得更緊密。

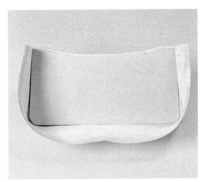

04 前片包身上黏貼包襠後狀態。

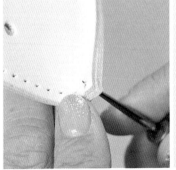

05 將菱錐穿過前片包身和包襠兩端的縫孔及中心點的縫孔，確認縫孔位置是否對齊。

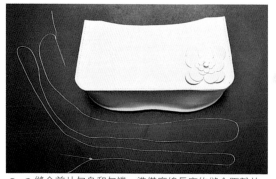

06 縫合前片包身和包襠。準備麻線長度約縫合距離的3.5倍，兩端穿上縫針後過蠟。

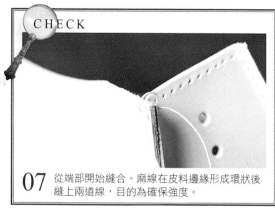

07 從端部開始縫合。麻線在皮料邊緣形成環狀後縫上兩道線，目的為確保強度。

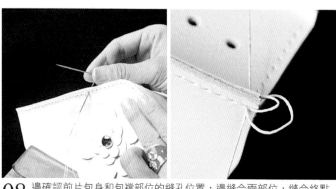

08 邊確認前片包身和包襠部位的縫孔位置，邊縫合兩部位，縫合終點和起點一樣，麻線在皮料邊緣形成環狀後縫上兩道線。

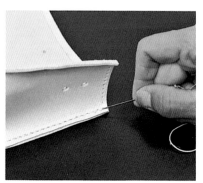

09 回縫後留下縫線約1mm，剪斷後抹上白膠以固定住線頭。

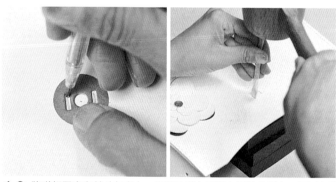

10 將磁釦固定在前片包身上。將墊片擺在紙型中記載位置上，再以銀筆描好位置，利用平鑿打上長形孔。別壓太用力，以免壓垮包襠部位。

11 由前片包身的皮面層插入磁釦（母釦），確實插入底部後將釦腳往外折。

116　　小花提包

12 折彎釦腳後，以木槌柄等用力按壓得更平坦服貼。

13 將彈性襯貼在折彎後壓平的磁釦固定位置上。將彈性襯裁成直徑約30mm的圓片後黏貼，目的為覆蓋，以免磁釦形狀太突兀。

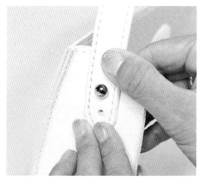

14 安裝提把，對齊包襠兩端的孔洞位置，再以裝飾釦暫時固定住。

CHECK

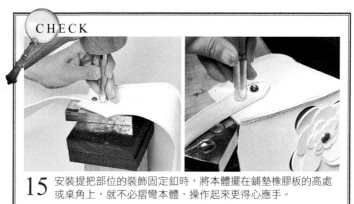

15 安裝提把部位的裝飾固定釦時，將本體擺在鋪墊橡膠板的高處或桌角上，就不必摺彎本體，操作起來更得心應手。

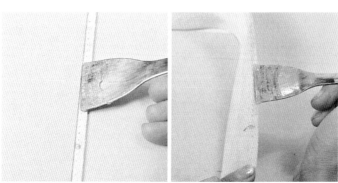

16 後片包身皮料邊緣和一片式包襠反摺部位分別塗抹橡皮膠。後片包身塗抹邊緣5mm處，包襠部位塗抹折彎部位。

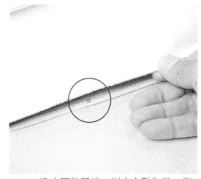

17 橡皮膠乾了後，以中心點為準，對齊位置後貼合兩部分。

 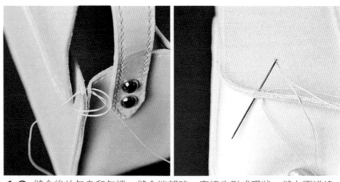

18 貼合包襠和後片包身皮料後，利用壓叉器壓黏包襠的反摺部位。

19 縫合後片包身和包襠。縫合端部時，麻線先形成環狀，縫上兩道線，再調整縫孔位置，依序縫合。

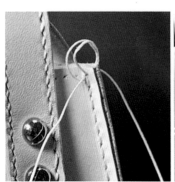  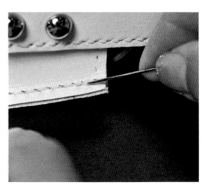

20 縫合終點和起點一樣，先在邊上形成環狀，縫上兩道線，然後回縫2針，剪斷縫線。

21 將白膠抹在麻線上以固定住線頭。

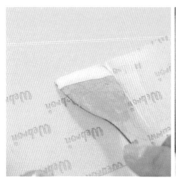 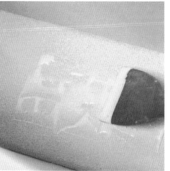 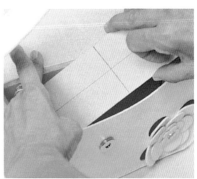

22 黏貼包底襯料。襯料和本體底部分別塗抹白膠。襯料仔細地塗抹白膠至邊緣為止，本體底部大略塗抹，抹均勻即OK。

23 將襯料貼在本體底部。參考描在底部的中心線，不偏不倚地黏貼。

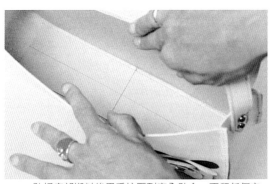

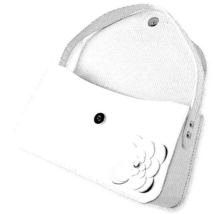

24 貼好底部襯料後用手按壓到完全貼合,不留任何空隙。

25 縫合各部位後狀態。提包已然成型。

製作內袋

內袋是固定在提包裡側,用於遮蓋本體襯料或增添美觀上絕對不可或缺的部位,完成內袋後即可準備迎接提包完工時刻的到來。

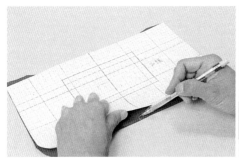

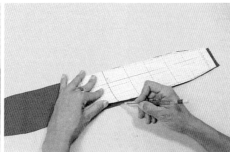

拿銀筆在依紙型裁切的豬絨面革上標註中心點。分別描好固定前片包身和包襠的位置。

01

02 如照片中做法,將雙面膠帶貼在依紙型裁切的內袋部位。使用寬2mm的雙面膠帶,撕掉背紙後摺彎以形成袋狀。

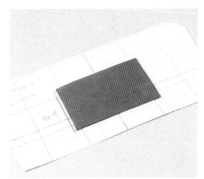

03 將內袋固定在後片包身上,再確認貼合狀態下的尺寸或位置。

04 擺好紙型，做記號描好內袋的縫孔位置。將記號描在距離邊緣3mm處。

05 撕掉雙面膠帶背紙後貼在後片包身上，確認位置後才黏貼。

06 在貼合部位描距離邊緣3mm的縫合線，以壓叉器壓描線條。

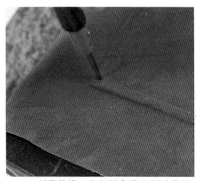

07 利用菱錐，在距離內袋下側（黏貼雙面膠帶側）左右邊3mm處鑿孔。

08 做記號壓好縫孔位置後斬打縫孔。對齊壓叉器壓描的線條，筆直地打上菱形孔，壓好記號才打孔以便打上均等距離的縫孔。

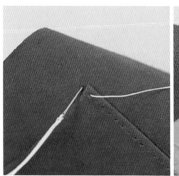
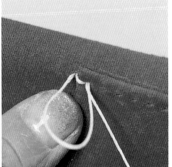

CHECK

09 第一根刀刃抵在內袋外側，跨越兩部位，在內袋左右側上方斬打縫孔。

10 準備長度約縫合距離3.5倍的麻線，從邊緣開始縫合。麻線在邊緣形成環狀後才依序縫合。

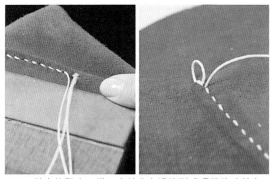

11 縫合終點也一樣，麻線先在邊緣形成環狀後才縫上兩道線。內袋上側為受力較重的部位，必須縫合得更牢固。

12 將麻線穿向絨面革的皮面層側，留下麻線約1mm後剪斷，塗抹白膠以固定住線頭。

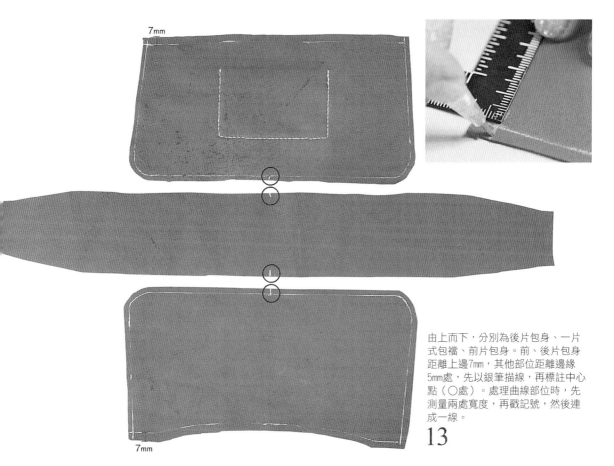

由上而下，分別為後片包身、一片式包襠、前片包身。前、後片包身距離上邊7mm，其他部位距離邊緣5mm處，先以銀筆描線，再標註中心點（○處）。處理曲線部位時，先測量兩處寬度，再戳記號，然後連成一線。

13

14 將雙面膠帶貼在包襠上，使用寬2mm的雙面膠帶，儘量靠邊黏貼。

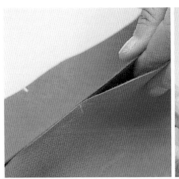
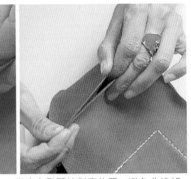

15 將前、後片包身貼在包襠上。從中心點開始對齊位置，避免曲線部位形成皺褶。皮料容易延展，對齊位置時切勿用力拉扯。

16 以雙面膠帶貼合各部位後狀態。緊接著斬打縫孔，依序縫合。

17 將斬具抵在距離邊緣5mm處的線條上斬打縫孔。從該線條和距離7mm的線條交叉點開始打上縫孔。斬打曲線部位時換拿二菱斬。

POINT

貼合皮料後必須處理得很平坦才打上縫孔，皮料摺到或形成皺褶就很難打上漂亮的縫孔。

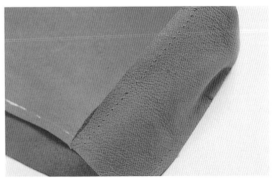

18 打縫孔後狀態。皮料質地柔軟，容易延展，必須按住皮料才打上孔洞。

122　　小花提包

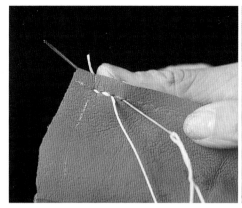
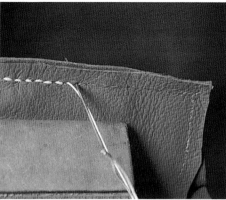

從其中一端開始縫合,皮料柔軟,打孔時別太用力拉扯喔!

19

20 縫到最後一個縫孔後回縫2孔,留下麻線約1mm後剪斷,塗抹白膠以固定住線頭。以相同要領縫好前、後片包身。

21 前、後片包身縫合後狀態。

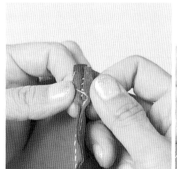

22 縫合線部位上側剝開約30mm後攤開縫份,接著在距離裁切面約10mm處塗抹橡皮膠,感覺好像將膠料抹在剝開部位的裡側。

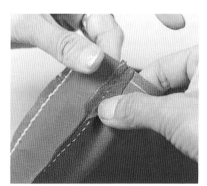

23 橡皮膠乾了後,運用素稱「攤開縫份」技巧,將皮料邊緣往外摺後貼牢。

CHECK

24 將皮料擺在大理石上，經鐵鎚敲打以促使黏合。四個角都攤開縫份。

25 內袋上邊塗抹橡皮膠一整圈。距離上邊7mm處已經以銀筆描好線條，因此，塗抹寬度必須為該部分的2倍（14mm）。

26 橡皮膠乾了後，於距離7mm線條處反摺皮料邊緣，拿起鐵鎚輕輕敲打以促使緊密黏合。擺在大理石等堅硬的物體上，輕輕地敲打吧！

27 在包襠反摺部位標好中心點後，拿壓叉器沿著周邊3mm處壓描縫合線。

28 利用菱錐在包襠中心點與縫合線的交叉點上鑽孔。

29 在包襠上斬打縫孔。使用刀刃方向相反的菱斬，壓好記號後才打上孔洞。以中心點為基準，打上5個縫孔，另一側也以相同要領打上縫孔。

縫合本體和內袋

將內袋放入本體後縫合兩部位。縫合內袋即可提昇作品完成度。直到最後修飾為止都必須非常慎重地處理。

內袋上邊、反摺部位和距離本體上邊7mm畫線範圍分別塗抹橡皮膠。

01

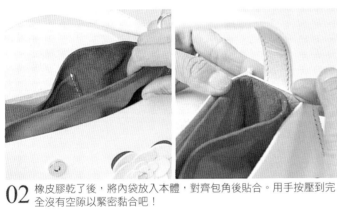

02 橡皮膠乾了後，將內袋放入本體，對齊包角後貼合。用手按壓到完全沒有空隙以緊密黏合吧！

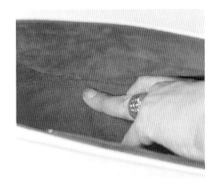

03 貼合上邊後，用手指壓黏以免包底部位形成空隙。

04 將內袋放入本體後貼合狀態，絲毫不留空隙地黏貼出最漂亮的形狀。

05 斬打縫孔後縫合本體和內袋。沿著先前以間距規描畫，距離邊緣3mm的線條斬打菱形孔。

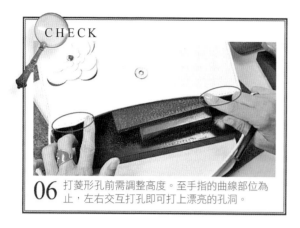

06 打菱形孔前需調整高度。至手指的曲線部位為止，左右交互打孔即可打上漂亮的孔洞。

07 從其中一端交互打好孔洞後，以均等距離斬打剩下的部分。準備10根刀刃的菱斬即可更迅速地完成打孔作業。

08 斬打後片包身的孔洞時，對前片包身上的裝飾固定釦造成強烈衝擊的話，易導致裝飾部位破裂或花朵掉落，因此建議先以菱斬壓好記號，再以菱錐一個一個地鑽上孔洞。毛氈墊在上，大理石在下，變換一下擺法即可緩衝力道。

09 斬打至不影響裝飾固定釦部位後恢復原狀，再以菱斬打上縫孔。

10 打孔至距離邊緣50mm處後，先壓記號，再打孔洞，打上均等距離的縫孔。必須適當地區分使用不同刀刃數的菱斬。

11 打好縫孔後情形。前片包身上的縫孔相當醒目，左右均等地打上縫孔吧！

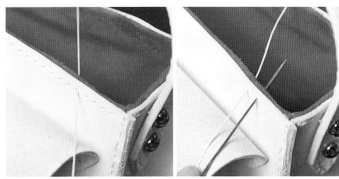

12 準備麻線長度為本體周長的3.5倍，兩頭都穿上縫針後過蠟。從安裝著包蓋的後片包身開始縫合，從邊上起算第五個縫孔開始朝著另一邊縫合。

13 縫到轉角（邊）時先以圓錐等擴大內袋絨面革的銜接處以便縫上麻線。

14 縫針從內袋絨面革銜接處穿出，從本體（後側包身）邊上的縫孔穿向外側。另一側縫針也經由絨面革銜接處穿向裡側。

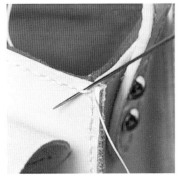

15 縫針穿向外側後穿過眼前的麻線。

16 先穿過眼前的麻線，再穿過邊上的縫孔，然後穿向包身側。

17 由內、外側拉緊縫線，將轉角的絨面革拉向本體。

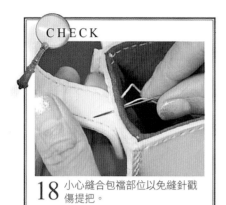

CHECK

18 小心縫合包襠部位以免縫針戳傷提把。

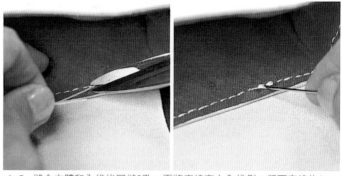

19 縫合本體和內袋後回縫2孔,再將麻線穿向內袋側,留下麻線約1mm後剪斷,塗抹白膠以固定住線頭。

20 以削邊器削除前、後片包身皮料的稜邊。之後以砂紙打磨邊緣到完全看不出貼合皮料而形成的高低差。

21 塗抹透明床面處理劑,每次塗抹約100mm,再以帆布打磨該部分,反覆以上步驟以完成最後修飾。

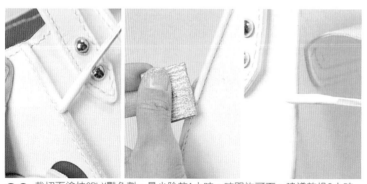

22 裁切面塗抹ORLY豔色劑,最少陰乾1小時,時間許可下,建議乾燥2小時,再以砂紙打磨均勻。打磨後再塗抹豔色劑,塗抹兩回即可處理得更美觀。

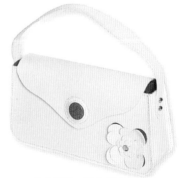

23 塗抹兩回,豔色劑完全乾燥後,小花提包就完成囉!

Shop Information

長期以來不斷地運用女性特有細膩思維，創作出適合女性的
甜美可愛，適合男性的厚實粗獷，以及絕不量產的獨特設計造型。

鴨志田　昌子
歷經服飾加工商品企劃
等工作，2004年設立工
作室以來即以女性特有
敏銳細膩觀察力，不斷
地創作出造型非常可愛
的作品。

Leather Works Heart
「レザーワークスハート」
東京都品川區小山3-23-5 寶屋2樓
Tel. 03-3781-8818
休假日：星期二、星期四

　　Leather Works Heart是一家經過Craft認證，在東京武
藏小山開班授課，學習環境極為完備，從一日體驗到希望
學得道地皮革工藝技巧，足可因應各式各樣需求的皮革工
藝教室。當然，教室裡齊備各類工具，學員隻身前往上課
即可，而且可實地觀摩專家們的製作技巧，聽取他們的建
言，創作出理想中的作品。
教室負責人鴨志田昌子的服飾相關造詣也相當深厚，不斷
地創作出無數手工皮件作品，舉凡裝飾著花朵、造型非常
可愛的鑰匙包，運用精湛雕刻技巧完成的手鐲，廣泛地提
供獨特的設計構想，總是以〔為愛好者提供最有趣的作品
〕為重點訴求，因而每項作品都能博得皮革工藝愛好者們
之共鳴。

1 包蓋部位雕刻
漂亮圖案的腰包，
圖案中加入施華洛
世奇晶鑽而顯得特
別閃亮耀眼。
2 使用義大利進
口高級植鞣革的
鑰匙包。
3 以包蓋上的蛇
皮和皮繩營造粗
獷印象的腰包。
4 運用細膩雕刻技巧處理出穿透效果，再黏
貼豬絨面革內裡後完成，大小適中的小手提
包。　**5** 皮料表面雕刻花朵圖案的長夾，圖
案部分以粉紅色染料染上甜美可愛的色彩。

　自然地流露出女性特有柔美氛圍的肩背包，牢記製作步驟後就能自己動手做。因為造型實在太簡單，製作細膩度成了影響製作成果的關鍵，一定要特別慎重地處理喔！

製作＝AUTTAA

圓筒肩背包

工具

A）直尺　B）麻線　C）CMC水溶液　D）線蠟（蠟）E）鐵鎚　F）裁皮刀　G）美工刀　H）線剪　I）菱斬（1、4根刀刃）　J）圓斬（10號、20號）　K）菱錐　L）間距規　M）橡皮擦　N）白膠（木工專用）　O）夾子　P）銀筆　Q）固定釦斬（3mm、6mm）　R）萬用環狀台

※本作品無紙型。請讀者依次頁的材料尺寸，自行製作紙型，一起來享受親手做的樂趣吧！

裁切各部位

將自製的紙型擺在粗裁的皮料上，以銀筆描好線條，利用美工刀或裁皮刀，分別裁成製作肩背包的素材。

01 擺好自製的紙型，以銀筆描畫裁切線。

02 描好所有部位後動手裁切皮料。

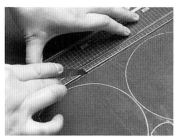

03 手拿美工刀沿著描好的線條裁切皮料。

04 裁切曲線部位時，加大刀刃和皮料角度，邊轉動皮料、邊裁切。

05 用橡皮擦擦除不必要的線條。

皮革素材／金屬配件

A）側邊皮料（半圓型的底130mm、高130mm）B）本體（長600mm、寬330mm，不含包蓋 360mm） C）包蓋扣帶 D）D型環固定帶 E）背帶 F）原子釦（φ6mm） G）固定釦（φ3mm） H）背帶釦頭 I）D型環

標註記號

將自製紙型擺在裁好的皮料上，拿圓錐在皮料上鑽孔，分別標好固定釦（φ3mm）、原子釦（φ6mm）的安裝位置。

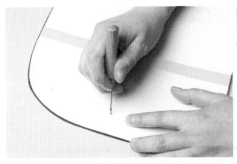

擺好自製紙型，以圓錐鑽孔做記號。包蓋扣帶和原子釦是這款肩背包本體上的設計重點，因此必須將記號標註在正確的位置上。

01

打磨裁切面

裁好所有部位後處理裁切面，本單元中使用CMC水溶液（粉狀床面處理劑加水調成），分別打磨裁切面和背帶的肉面層。

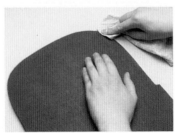
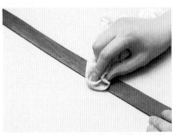

01 以手指沾取CMC水溶液，分別塗抹各部位皮料的裁切面。

02 利用棉紗布打磨塗好CMC的裁切面。

03 分別處理好本體、背帶、D型環固定帶等部位的裁切面和肉面層。

斬打安裝孔

處理裁切面和肉面層後，依序斬打安裝金屬配件的孔洞。以間距規描線及以圓斬打孔等處理手法都必須很正確。

01 間距規沿著D型環固定帶表側周邊拉出明顯線條。

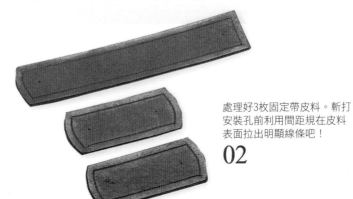

處理好3枚固定帶皮料。斬打安裝孔前利用間距規在皮料表面拉出明顯線條吧！

02

03 將10號圓斬抵在圓錐鑽的孔洞上，依序斬打孔洞。

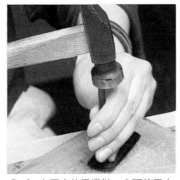

04 上圖中使用鐵鎚，亦可使用木槌。

05 心裡想著由正上方垂直敲下斬具以確實地貫穿孔洞吧！

06 圓錐鑽好孔洞的金屬配件安裝位置上分別以圓斬打好孔洞。

07 固定原子釦的位置斬打φ6mm的孔洞，再以美工刀劃一道切口。

08 如照片中所示，一手持鐵鎚，另一手確實地支撐圓斬柄部。

09 腦海中浮現各部位完成圖，依序斬打孔洞。

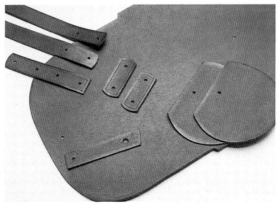

所有部位斬打孔洞後狀態。完成各部位素材準備工作。

10

斬打菱形孔

利用菱斬打上縫孔以縫合本體和側邊部位。照片中以鐵鎚敲打斬具，使用木槌當然也OK。

01 擺好自製紙型，利用菱錐鑽孔做記號吧！看得出記號即可。

在本體和側邊的縫合位置上做記號，完成斬打菱形孔準備工作。

02

03 確實支撐住菱斬，鐵鎚由正上方垂直敲下。

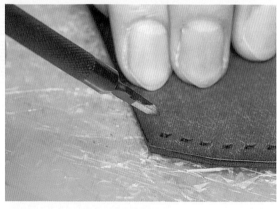

於側邊皮料端部斬打菱形孔時，使用單菱斬以調整出均等距離。

04

05 在本體上斬打菱形孔時，以單菱斬打前3孔。

06 第4孔起才使用較多刀刃的菱斬。

07 處理直線部位較長的作品時，心想著「得筆直打上孔洞」！

製作D型環固定帶

打好菱形孔後裝上D型環和固定釦。將D型環固定帶安裝在側邊皮料上，再處理成背帶套環。

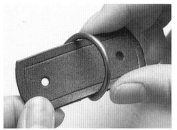

01 套入D型環以完成背帶套環。

02 套入D型環後，對齊孔洞，對摺皮料，完成背帶套環。

03 對齊側邊皮料上的孔洞，夾好步驟02的D型環固定帶。

04 插入固定釦，必須穿過所有孔洞。

05 將固定釦擺在萬用環狀台的正面，固定成凸面狀態。

06 瞄準萬用環狀台上的圓孔，垂直敲下固定釦斬。

07 這是使用時受力最重的部位，必須固定得特別牢固。

08 以相同要領處理好兩側邊部位。可套扣背帶的側邊部位完成後，腦海中浮現圓筒肩背包的漂亮身影。

安裝包蓋扣帶

本體由一塊皮料構成，圓筒肩背包以此為重點特徵，因此，必須於縫合側邊部位和本體皮料前，將固定包蓋的扣帶安裝到本體上。

01 依據孔洞大小，安裝固定釦。照片中斬打φ3mm的孔洞。

02 利用萬用環狀台的背面，將本體裡側的固定釦斬打成平面狀

03 和D型環固定帶一樣，必須固定得很牢固。

04 斬打成平面狀態的本體裡側部位，使用時看不到的部位。

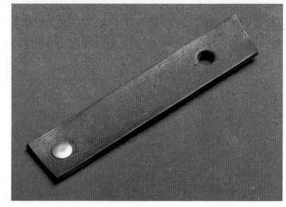

05 裝好固定包蓋的扣帶後隨即完成本體。表側的固定釦具裝飾效果，可清楚看出釦面呈凸面狀態。

縫合

開始縫合側邊皮料和本體。不採用平縫法，使用1根縫針，穿線後將縫線兩端調整為相同長度，以一般縫法縫合兩部位。

01 準備長度約縫合距離4倍的縫線後穿上縫針，將縫線兩端調整為相同長度後過蠟，再將線尾打死結，準備好針線。

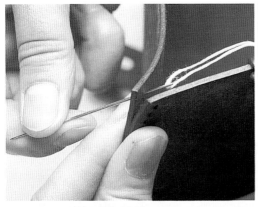

縫針由本體上的第一個縫孔穿向表側，縫線穿過縫孔後一直拉到打結處，捏住側邊皮料縫合處，心想著要縫合兩側。**02**

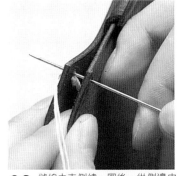

03 縫線由表側繞一圈後，從側邊皮料上的第一個縫孔穿向本體。

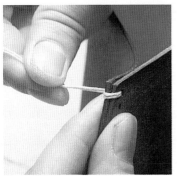

04 捏住本體和側邊皮料，用力地縫合兩側吧！

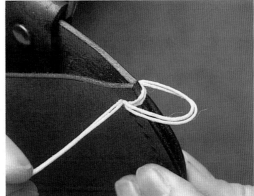

這是使用時受力最重的部位，因此必須回縫。縫線繞一圈後穿入同一個縫孔（本體和側邊皮料上的第一個縫孔），別戳到先前的縫線喔！**05**

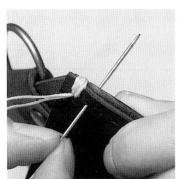

06 縫針穿出本體表側後插入下一個縫孔。

07 第二個縫孔起採用一般縫法。縫線穿過縫孔後，將縫針插入下個孔。

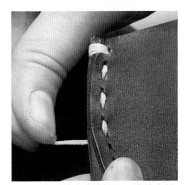

08 依序縫合成邊摺入、邊縫合部位呈立體狀態。

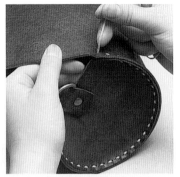

09 縫合終點也回縫以提昇強度。

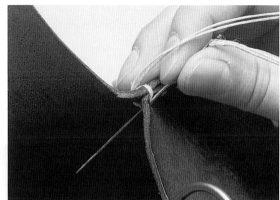

將穿出本體表側的縫針插入同一個縫孔後繞兩圈。縫針穿過最後一個縫孔後縫成兩道線,再將縫針穿向側邊皮料的裡側。

10

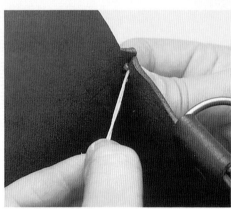

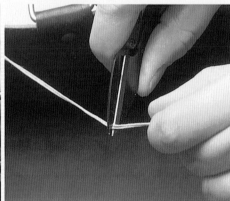

縫針穿入裡側後用力拉緊以固定住縫線,留下足夠打結的長度後剪斷。

11

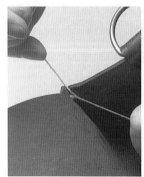

12 剪斷縫線後打死結,滴上數滴白膠後再打死結,以膠料固定同一個位置後剪掉多餘的縫線,線頭纏繞固定後壓入皮料空隙中,完成縫合作業。

完成其中一側縫合作
業後狀態。縫成圓圓
的、皺皺的感覺以營
造獨特氛圍。

13

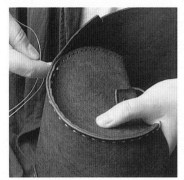

14 以相同要領縫合另一個側邊皮料。

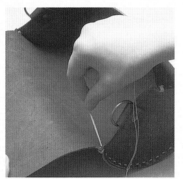

15 拔出穿向裡側的縫針。

16 打死結後抹白膠固定住線頭，再以螺絲刀纏繞一下固定住。

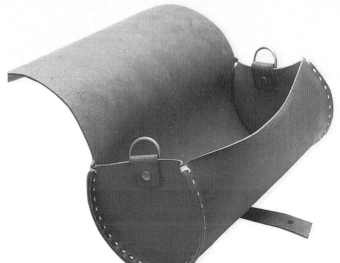

完成側邊和本體皮料的縫合
作業，終於可以大大地鬆一
口氣了。

17

安裝背帶

其中一個側邊皮料上安裝D型環後，裝上可調節長度的輔助帶和背帶釦頭，再以D型環和背帶釦頭為套環穿上背帶。

01 面對作品，將輔助帶穿入右側的D型環。

02 輔助帶繞D型環一圈後，對齊端部和相鄰的孔洞。

03 安裝固定釦。使用整片皮料，必須捏住摺彎部位才能裝上固定釦。

04 由皮料裡側插入固定釦，將裡側斬打成平面狀態。

05 輔助帶另一頭裝上背帶釦頭。

06 將輔助帶穿過釦頭的活動部位（中央）後對齊孔洞。

07 這部分的固定釦裡側也斬打成平面狀態。

08 輔助帶完成後狀態。輔助帶的其中一頭安裝釦頭以調節背帶長度，另一頭安裝D型環處理成背帶套環。

09 背帶穿過D型環後反摺，調整好孔洞位置。

10 這部分的固定釦裡側也斬打成平面狀態。

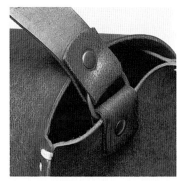

11 照片中可清楚看出固定釦表側呈凸面狀態。

12 將背帶另一頭穿過剛剛裝好的釦頭。

13 反摺皮料端部，插入固定釦，敲下固定釦斬以固定住。

14 照片中為這款包包的裝飾部分，將固定釦斬打呈凸面狀態吧！

安裝原子釦～最後修飾

完成本體，穿上背帶即可邁入最後修飾階段。將原子釦固定在本體上，再將扣帶扣在包口部位，肩背包作業即可告一段落。

如照片中所示，將原子釦裝在相當於包蓋部位的本體皮料上。利用圓斬打上安裝孔。

01

  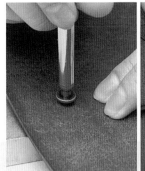 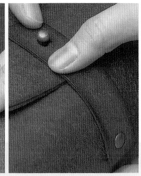

02 裝法和固定釦一樣，從皮料裡側穿出原子釦後固定住。另有螺絲類型的原子釦。

03 斬打成平面狀態後完成安裝。將扣帶上的切口套入原子釦即可固定住包蓋。

04 圓圓的包身、縫合側邊皮料而形成的皺褶為這款肩背包增添氣氛。背帶端部加上裝飾或稍微改變一下縫法，即可處理成更具個性之美的作品。

兩人攜手創設，充滿柔美氛圍的「AUTTAA」。
充分運用皮革素材，日復一日地創作出值得細細品味的作品

新井直子（左） 青野寬子（右）
攜手創設「AUTTAA」，自2009年起積
極投入皮鞋、皮包、皮件製作的兩位
負責人。

AUTTAA
URL http://www.auttaa.info/
e-mail contact@auttaa.info

新井於就讀製鞋學校時認識青野，目前兩個人以攜手創設的「AUTTAA」名義活動中。兩人總是以獨到的手法詮釋皮料風味，創作出洋溢著溫暖感覺的作品。目前只透過網路銷售平台展示作品，不過，愛好者們還是可透過工作坊定期舉辦的活動，實地學習到皮件作品的製作技巧或購買到兩人的作品。透過網頁等即可取得相關資訊。店鋪取名為「AUTTAA」，芬蘭語意思中含「幫助」、「幫忙」之意，將透過以下篇幅介紹幾款兩人親手所創作，足以豐富使用者生活的作品。

1 以素材看起來相當柔軟而令人印象深刻的眼鏡袋 **2** 以軟質皮料完成的筆袋 **3** 附帶分裝口袋，可拆開來使用的剪刀包 **4** 從輕鬆穿著到正式打扮都非常適合穿搭的綁帶皮鞋 **5** 長途旅行或逛街都適穿，設計感十足的工作靴

兩折式短夾

外型簡潔俐落的兩折式短夾，改變內、外側的皮料顏色，完成照片中的典雅外型。整體印象因縫線顏色而迥然不同，建議改變一下縫線顏色以營造不同的氛圍。

製作＝MASAKI ＆ FACTORY

工具

A）木槌　B）橡膠槌　C）鐵鎚　D）直尺　E）四合釦斬　F）圓斬（10號）　G）雙面膠帶　H）打火機　I）萬用環狀台　J）壓叉器　K）錐子　L）雕刻刀（圓）　M）美工刀　N）鐵鉗　O）工藝剪刀
其他：縫紉機、染料、亮光漆、床面處理劑（CMC）

裁切各部位

準備皮料後依序裁切各部位。精準裁切尺寸，後續處理更輕鬆，完成的作品更精美。

先以厚紙製作紙型即可更精準地描上裁切線。

01

拿起美工刀等裁切工具，沿著描好的線條裁切。

02

03 將卡片夾層裁成「T恤型」即可降低重疊皮料之厚度。

04 裁切零錢袋夾層，下方預留10mm。這是安裝包襠的加工手法。

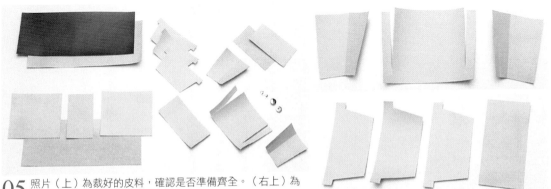

05 照片（上）為裁好的皮料，確認是否準備齊全。（右上）為零錢袋和包襠，（右下）為卡片夾層。

處理各部位

裁好各部位後，以染料塗染必須先處理的裁切面，再以亮光漆以修飾裁切面，先處理好縫合後就無法處理的部分。

以染料染色

01 名片夾層需重疊後安裝，因而先以塗料塗染皮料上邊。染色超出範圍就無法挽回，因此必須非常小心地塗染以免抹到其他部位。

02 染好顏色後以乾綿紗布仔細地打磨出光澤。

POINT

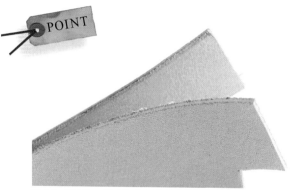 

前片為處理前，後片為處理後的裁切面，從皮料上即可看出毛邊問題獲得改善，皮料邊緣已打磨出光澤。

03 裁成T恤型和即將固定在最下方的長方形卡片夾層上邊的裁切面都分別染色後打磨均勻。

壓描裝飾線

 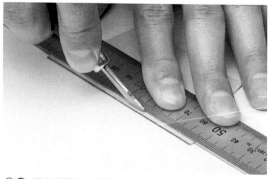

01 在卡片夾層上邊壓描裝飾線。壓描裝飾線還具備提昇皮料邊緣強度等效果。

02 將直尺擺在距離邊緣2mm處，以壓叉器壓描線條。按著直尺以免偏離位置。

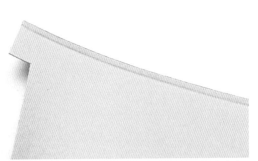

03 壓描裝飾線後狀態。處理較薄的皮料時，不沾水也可壓描出清晰的線條。以均等的力道壓描相同寬度的線條。

04 卡片夾層都拉上線條後狀態。慎重地壓描線條以免重疊後顯得格格不入。

以亮光漆修飾裁切面

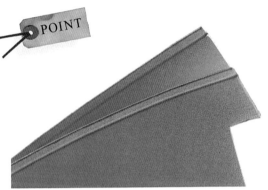

POINT

01 拉好線條後，將亮光漆塗抹在染色部位以修飾裁切面。亮光漆塗抹過量易沾染其他部分，留意塗抹量。

亮光漆乾了後，裁切面處理作業即告一段落。以染料＋亮光漆完成這款兩折式短夾的裁切面修飾作業。

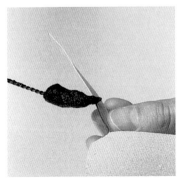

02 以相同要領修飾零錢夾層上邊的裁切面，小心塗抹染料以免超出範圍。

03 留意染料棒的拿法以免染料沾染到已裁開部位的肉面層。

04 包括已裁開部位在內，上邊必須仔細地塗抹染料。

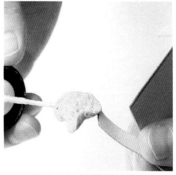

05 染色後以乾綿紗布打磨。小心打磨以免皮料扭曲變形。

06 在正中央部位壓描裝飾線。以均等力道描上相同粗細度的線條。

07 塗抹亮光漆以修飾染好顏色的裁切面。留意塗抹量。

處理包襠部位，由頂點對摺後以鐵鎚敲打摺痕。太用力敲打易損傷皮料，需留意敲打力道。

處理後備用的零錢袋夾層。包襠皮料上邊也壓描裝飾線。

08

黏貼零錢袋夾層

先黏貼開啟時左側相連的卡片夾層下邊以暫時固定住。
使用窄版雙面膠帶。

將卡片夾層皮料排
列看看，左側的方
形為固定夾層的皮
料。

01

02 相當於T恤衣袖部分為12.5mm，於
10mm處做記號，重疊2.5mm。

03 分別距離10mm，在固定夾層的皮料上做記號，標好固定卡片夾層的
位置。對齊左右邊，安裝的卡片夾層才不會扭曲變形。

04 沿著邊緣黏貼窄版雙面膠帶，以暫時固定住夾層皮
料。膠帶盡量靠邊黏貼。

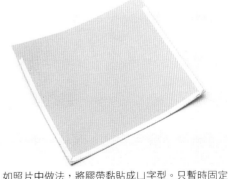

05 如照片中做法，將膠帶黏貼成ㄩ字型。只暫時固定
皮料，因此不需使用寬版膠帶。

06 卡片夾層下邊分別黏貼雙面膠帶。這是即將縫合的部分。

07 對齊先前做的記號，貼好卡片夾層皮料。

08 隨便黏貼的話，縫合時可能偏離位置，一定要貼牢喔！

車縫卡片夾層 ①

車縫第一層卡片夾層皮料，只筆直車縫卡片夾層下邊部分，還是得調好車縫線鬆緊度才能車出漂亮的針目。

POINT

穿針引線後調整鬆緊度。透過試車縫以確定針目狀態。

車縫起點部分回縫1針。

01

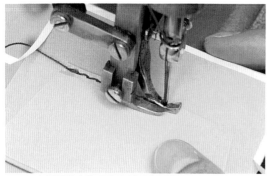

02 車縫過程中隨時留意是否車歪掉。

03 跨越高低差前暫停車縫，需回縫1針。回縫時用手轉動手輪以帶動縫針回縫。

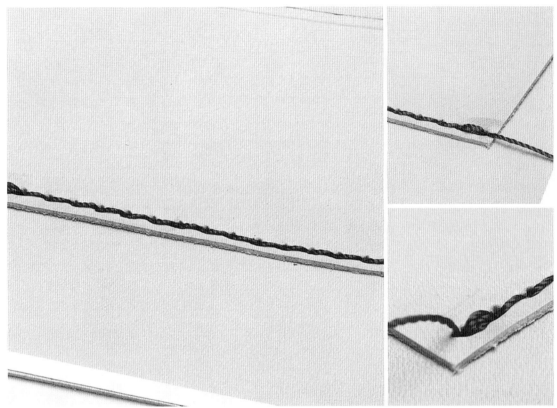

04 照片上為車法正確時留下的車縫狀態。照片右的兩張照片中為車縫起點和終點，縫線穿出表側狀態。縫線將穿向裡側固定住。

05 由肉面層（裡側）拉緊表側的縫線後拉向裡側。

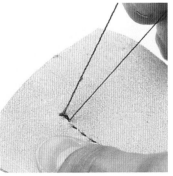

06 縫線拉向裡側後狀態。縫線必須確實拉緊。

07 留下數mm後剪斷縫線。剪太短的話不容易固定住線頭。

08 在剪斷縫線後，以打火機燒燙線頭。燒燙過度易燒焦，線頭熔解就立即離火。

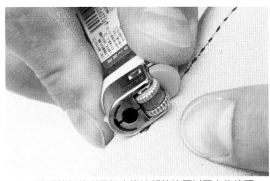

09 線頭熔解後利用打火機端部等按壓以固定住線頭。

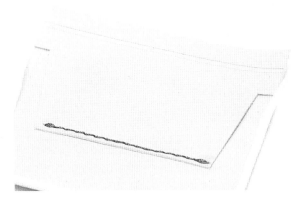

POINT

利用鐵鎚敲打車縫處，好讓縫線陷入皮料中，小心處理以免因敲打過度而傷到皮料。

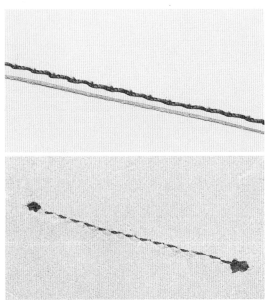

10 確實固定線頭後狀態。車縫處將重疊另一塊皮料，將車縫處敲得很服貼吧！

車縫卡片夾層 ②

重疊卡片夾層皮料後依序縫合。先車好下邊部分，再縱向車縫橫邊。此階段只車縫到這個部分，其他部分留到車縫本體部位時一起車縫。

縫合第一層卡片夾層皮料後，上面重疊黏貼第二層卡片夾層。

01

如照片中所示，卡片夾層分別重疊2.5mm後貼合。

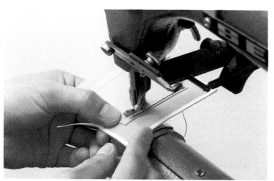

02 貼合後車縫，方法和車縫第一層卡片夾層時一樣。

03 第三層卡片夾層也以相同要領貼合後車縫。

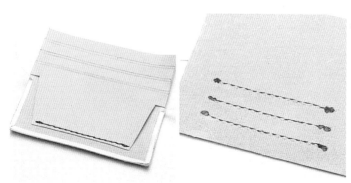

04 左為三層T恤型卡片夾層下邊車縫後狀態。卡片夾層部位筆直車縫即可如照片右筆直地車上平行線。

當車縫針附著雙面膠帶的膠料而影響車縫時，建議以含橡膠成分的膠塊清除。

05 縫合三層T恤型卡片夾層後,黏貼最外層的長方形卡片夾層。貼合前確實對齊邊角。

06 安裝好所有的卡片夾層後,縱向車縫右側邊緣。這部分有高低差,必須特別留意高低差車法。

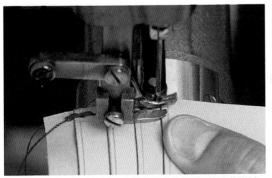

07 車縫起點回縫1針,高低差部分也回縫1針後裁繼續車縫。車縫線必須確實地壓過高低差部分。

CHECK

08 經過微調以便車縫針如照片所示一層一層地車過高低差部位。

09 邊確認高低差部位,慢慢地往前車縫。要小心地車縫,別車歪掉喔!

10 兩高低差之間的距離非常短,必須來來回回地反覆車縫。必須耐下性子來車縫。

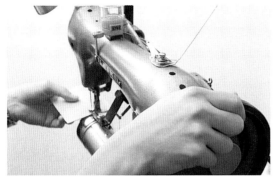

11 回縫高低差部分時，用手轉動手輪，慢慢地往前車
縫以免車錯位置。

12 在越過高低差部分後，繼續筆直地車縫距離下邊5mm
處，終點回縫1針。

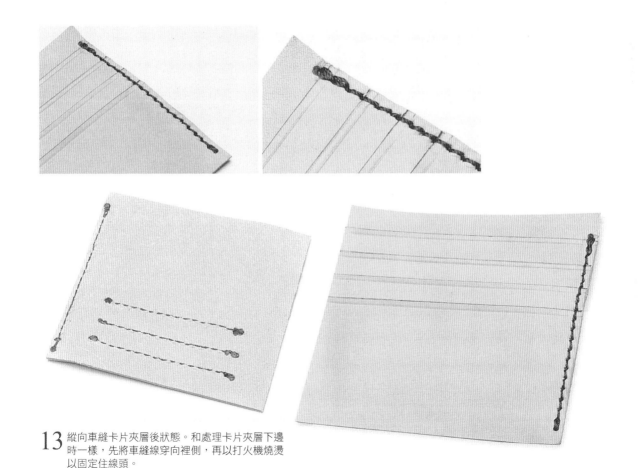

13 縱向車縫卡片夾層後狀態。和處理卡片夾層下邊
時一樣，先將車縫線穿向裡側，再以打火機燒燙
以固定住線頭。

卡片夾層的最後修飾

縱向車縫右側部分後，利用染料和亮光漆，修飾已縫合的卡片夾層裁切面。其他部分等組合時才修飾。

裁切面移位或扭曲變形時，利用剉刀修整裁切面。

修整裁切面後以染料染上顏色。

01

02 以棉紗布打磨染好顏色的裁切面。擺在桌邊等更方便使力，可將裁切面打磨得更漂亮。

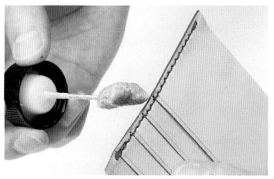

03 這是利用棉紗布仔細打磨，再以亮光漆修飾過的裁切面。亮光漆完全乾燥前絕對不能碰觸。

POINT

皮革裁切面的修飾時機

裁切面的修飾作業是皮革工藝作品處理得更美觀的重要工作。製作部位多如本單元中介紹的兩折式短夾時，處理時機不對的話，易使裁切面修飾作業變得更困難，因此，作業時必須充分考量時機，作業前先確認，以便提升工作效率。

製作零錢袋夾層 ①

本單元起開始製作零錢袋夾層，這款兩折式短夾上的零錢袋上加包檔部位後，大幅提昇使用方便性，構造簡單，實用性超群。

將雙面膠帶貼在寬度較窄的包檔皮料裡側。

01

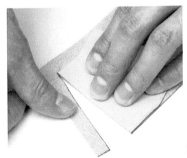

再將包檔皮料貼在零錢袋本體裡側。在照片中狀態下，貼在裁切開來的皮料裡側。

02

03 貼合其中一側後的狀態。照片中狀態為本體朝著裡側，包檔朝著表側。

04 再接著黏貼另一側包檔。為了避免黏到裁開來的部位，建議留下些許空隙，邊確認、邊黏貼。

照片中為貼合兩側包檔後狀態。貼合部位縫合作業即將展開。

05

06 車縫已經貼合在一起的包襠和
零錢袋本體。

07 小心縫合以免車到裁切開來的
部位（車縫部位的外側）。

08 車縫至包襠終點部位。

09 以相同要領車縫另一側包襠，由於方向關係，另一
側包襠必須由下往上車縫。

10 至皮料邊緣數mm前即停止車縫，車縫終點回縫1針，
終點左右側位置必須對齊。

11 照片左就是縫合後狀態。零錢袋為常用部位，必須確實處理好縫線以
避免綻線爆開。

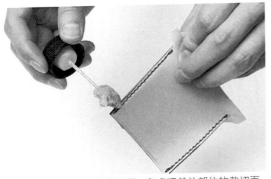

12 修飾縫合部位的裁切面，和處理其他部位的裁切面時一樣，先以染料染色、打磨，再以亮光漆修飾裁切面。

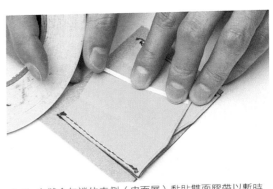

13 未縫合包襠的表側（皮面層）黏貼雙面膠帶以暫時固定住。

14 兩側包襠都黏貼雙面膠帶後，依序貼在裁切開來的本體上。

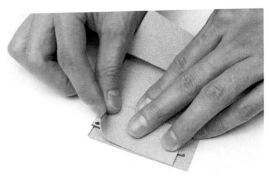

15 對齊包襠表側邊緣和本體裡側邊緣後緊密貼合。貼合前必須確實對齊邊緣。

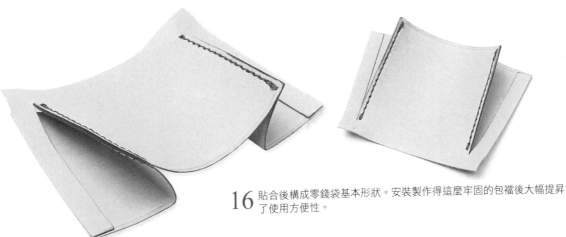

16 貼合後構成零錢袋基本形狀。安裝製作得這麼牢固的包襠後大幅提昇了使用方便性。

製作零錢袋夾層 ②

先貼合零錢袋的袋蓋表、裡側皮料，再將零錢袋本體貼在固定夾層的皮料上，然後依序車縫必須先行縫合的部分。

黏合各部位

袋蓋裡側周邊如照片黏貼雙面膠帶。

01

對齊邊角後貼合袋蓋部位。

02

03 完全貼合的袋蓋。袋蓋周邊將車上縫線。

04 零錢袋本體裡側黏貼雙面膠帶，貼成凵字型。

05 將零錢袋貼在固定夾層的皮料上。黏貼前確實對齊邊角。

06 一面對齊邊角，一點一點地黏貼。對齊固定夾層的皮料，捏住包襠部位，將包襠皮料貼成立體狀態。

07 固定夾層的皮料上黏貼零錢袋後狀態。處理到差不多可固定到錢包本體上的形狀。

160　　兩折式短夾

縫合各部位

01 只需車縫和固定夾層皮料黏貼在一起的左側。

02 縫合終點回縫1針。端部跨越車縫高低差部位1針。

03 車縫袋蓋周邊，上邊暫時不處理，等縫合本體時才一併車縫。

04 袋蓋必須車成直角狀態。筆直車縫右邊，至轉角處時暫停車縫。

CHECK

05 至轉角處時暫停車縫，抬高壓腳，將袋蓋皮料旋轉90度，重點為車縫針還扎在皮料上，以針為軸。

06 改變角度後再次筆直車縫。小心車縫，別車歪掉喲！

07 再車到轉角處時，再度抬高壓腳，將袋蓋皮料轉動90度後完成後續車縫。

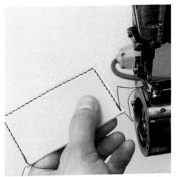

08 縫合終點回縫1針才剪斷縫線。

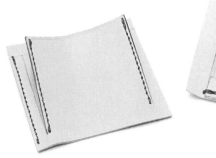

09 面向作品，此階段只須完成零錢袋左側縱向車縫作業，其他部分等縫合紙鈔夾層或本體時才一併處理。

10 處理袋蓋上的縫線。袋蓋必須和紙鈔夾層一起縫合。

最後修飾

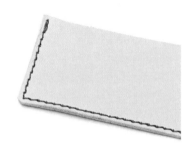
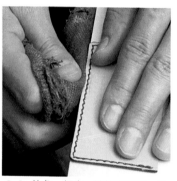

01 將袋蓋的直角修得更圓潤。利用圓刃雕刻刀，處理起來更輕鬆。

02 削圓直角後更像袋蓋。小心處理以免直角部位削得太過頭。

03 染色、打磨、塗抹亮光漆，依序處理袋蓋皮料的裁切面。

04 已車縫的零錢袋裁切面也經由染色、打磨、塗抹亮光漆修飾得更亮眼。

05 修飾過裁切面的袋蓋。袋蓋和零錢袋將於下個步驟中組合。

06 修飾過裁切面的零錢袋左側。修飾作業至此告一段落。

製作零錢袋夾層 ③

將袋蓋暫時固定在零錢袋上，安裝四合釦。安裝位置為袋蓋中心線上，距離邊緣15mm處。使用10號圓斬。

先量好距離邊緣15mm處，袋蓋寬90mm，因此將記號作在45mm處。

01

將φ3mm圓斬抵在記號上斬打孔洞。

02

03　袋蓋上斬打固定四合釦的孔洞，袋蓋裡側上邊黏貼雙面膠帶以暫時固定住。

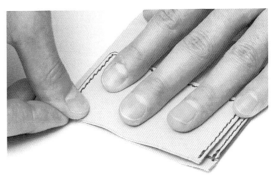

04　對齊固定零錢袋的皮料上邊和袋蓋上邊後貼合。小心黏貼以免袋蓋歪掉。

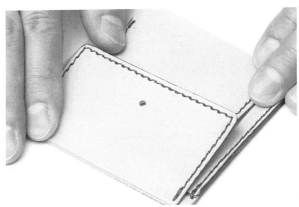

安裝袋蓋後狀態。在此狀態下決定本體側的四合釦固定位置。

05

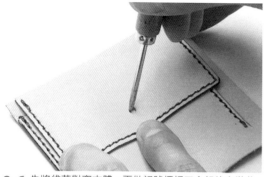

06 先將袋蓋對齊本體，再做記號標好四合釦的安裝位置。稍微放寬一點，太緊的話擺放零錢後蓋不上。

07 在本體上斬打四合釦安裝孔。零錢袋裡擺一小塊橡膠板，再將圓斬抵在記號上斬打孔洞。

08 原子釦的釦腳從零錢袋裡側穿出後套上公釦。

09 裝好四合釦後狀態。必須在此狀態下固定，因而將環狀台放入零錢袋裡。

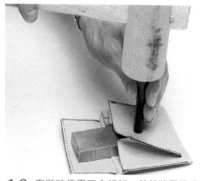

10 安裝時使用四合釦斬。希望將零錢袋裡的原子釦裡側處理得更平坦，利用環狀台的平面側斬打釦件。

11 四合釦固定得很牢固。但，太用力的話，容易在皮料表面留下斬打痕跡，建議邊觀察，邊以適當的力道打上孔洞。

164　　兩折式短夾

12 將四合釦瞄準打好的孔洞後固定在袋蓋上。

13 將四合釦套在釦斬上。套在表面光滑的四合釦斬時易掉落，建議擺在袋蓋側。

14 以頭部套著四合釦的釦斬安裝四合釦。四合釦表面呈凸面狀態，因此，必須使用適合頭部大小的環狀台。

15 木槌必須垂直敲打四合釦斬以便確實地固定住釦件。

16 裝好四合釦後狀態。透過扣合與打開動作確認是否安裝得很牢固。

製作本體

從本單元起開始製作本體。先黏貼本體內裡，再安裝紙鈔夾層的中心部位，只縫合下邊。

01 紙鈔夾層中心部位的裡側四周全面黏貼雙面膠帶。

02 找出鈔票夾層的中心點，確定好中心部位的安裝位置。等確定位置後，以雙面膠帶黏貼中心部位的材料。

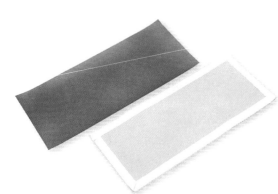

03 依序貼合本體和內裡。內裡皮料裡側周邊黏貼雙面膠帶一整圈。

04 對齊邊緣後黏貼內裡皮料。先貼合其中一側的1/3。

05 貼合其中一側的1/3後，接著黏貼另一側邊緣的1/3處，因為內裡皮料比較短。

CHECK

06 皮料兩側均等地黏貼，結果為必須彎曲皮料，兩塊皮料才可能完全貼合在一起。

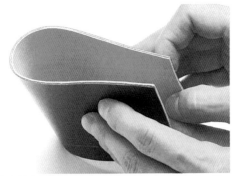

07 在照片中狀態下黏貼，內裡皮料應可完全貼合。為了在彎曲狀態下貼合，特別設計成內裡比表側皮料短5mm。

08 用力捏住彎曲特性較強的中央部位後貼合，以免內裡剝落。

車縫必須先行縫合的部位

09 做記號標好距離兩側100mm處，兩記號之間就是必須先行縫合的部位。

01 車縫距離兩側100mm處的兩記號之間。這是縫合任何部位都不會車到的部位，因此必須先行車縫。

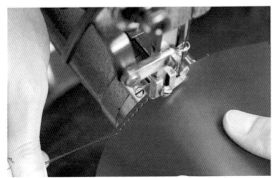

02 車縫過度時易因針目重疊而顯得不美觀，必須小心地車縫出最正確的距離。

03 同時車好紙鈔夾層中心部位。車縫其他部位時也不會車縫此部分，因此先行縫合。

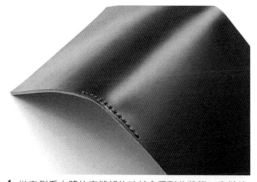

04 從表側看本體的車縫部位時就會看到此狀態。車縫線拉到裡側後剪斷，再以打火機燒燙後固定住線頭。

05 紙鈔夾層將與卡片夾層、零錢袋夾層一起固定在照片中縫合部位的左右側。

製作紙鈔夾層

將卡片夾層和零錢袋夾層固定在紙鈔夾層上。但是此階段只縫合上邊，其他部分將等縫合本體時一起縫合。

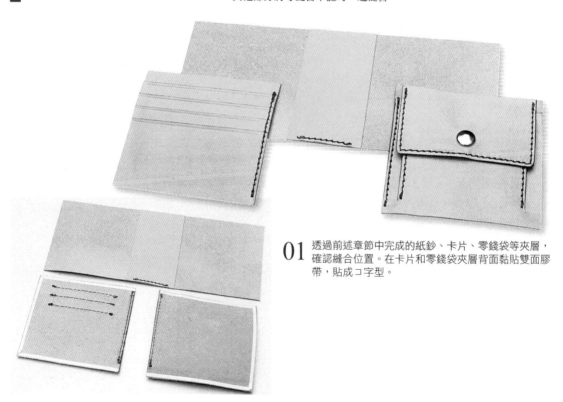

01 透過前述章節中完成的紙鈔、卡片、零錢袋等夾層，確認縫合位置。在卡片和零錢袋夾層背面黏貼雙面膠帶，貼成ㄈ字型。

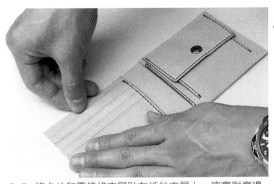

02 將卡片和零錢袋夾層貼在紙鈔夾層上，確實對齊邊角後才黏貼。

必須車縫較厚的部分，因此需再調整車縫線鬆緊度。直接車縫無法車出漂亮的線條。

03 再來將車縫重疊4層皮料的部分，車縫時必須特別留意高低差。高低差部位分別回縫1針後才繼續車縫。最厚部位為零錢袋的袋蓋部位，只有這時候才車縫袋蓋部位，所以一定要車得特別牢固。

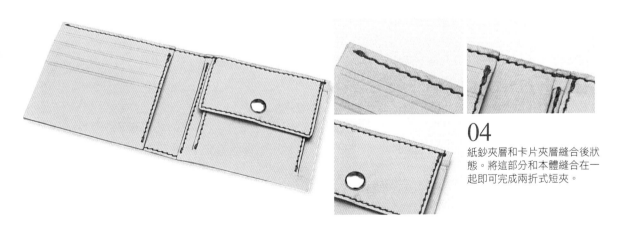

04 紙鈔夾層和卡片夾層縫合後狀態。將這部分和本體縫合在一起即可完成兩折式短夾。

縫合本體和紙鈔夾層

兩折式短夾製作邁入最關鍵時刻,終於進入紙鈔夾層和本體部位的縫合階段。從事先縫過的部位開始,沿著周邊車縫一整圈後,基本形狀就呈現在眼前。

必須率先修飾的裁切面

01 準備好已經分別縫合的本體和紙鈔夾層。

02 處理未縫合部位的裁切面。

03 接著處理紙鈔夾層上的未縫合部位的裁切面。透過染色、打磨、塗抹亮光漆等步驟處理好裁切面。

04 本體部位使用混合鉻鞣革,因而以CMC來修飾裁切面。先塗抹CMC,再以棉紗布等打磨。

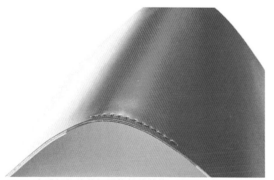

05 本體部位的裁切面修飾後狀態。比已經車縫的部位處理得更仔細。

黏貼

01 紙鈔夾層背面黏貼雙面膠帶後貼在本體上。雙面膠帶一直黏貼到旁邊與下邊的縫合處,黏貼成L型。

02 和黏貼本體內裡時一樣，邊彎曲、邊黏貼。必須對齊另一側的邊角。

CHECK

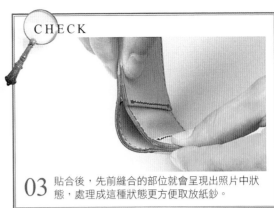

03 貼合後，先前縫合的部位就會呈現出照片中狀態，處理成這種狀態更方便取放紙鈔。

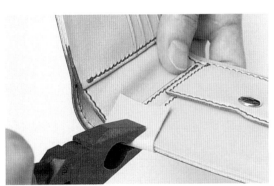

04 鐵鉗隔著零頭皮料夾住貼合處以促使黏合。這是必須經常承受回彈力道的部位，確實壓黏以免縫合過程中剝離。

縫合

05 以先行縫合部位的針目端部為車縫起點。落針時必須確實描準端部的縫孔。

06 回縫第1針，疊縫後才繼續車縫。

07 直線部位直接車縫，轉角處如前所述，先抬高壓腳，再以縫針為支點，將作品旋轉90度後才依序車縫。

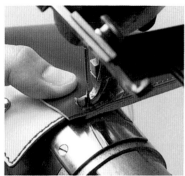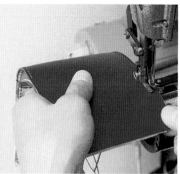

08 車縫直線部位，看起來並不困難，必須留意的是不能車到零錢袋的袋蓋。其次，在紙鈔夾層端部有高低差，必須回縫。必須車出均等距離的針目否則無法完成漂亮的作品，因此，建議更慎重地車縫。

09 車縫終點為先行車縫部位另一側的針目。疊縫一針後才結束縫合作業。

10 利用鐵鎚，將重疊部位敲得更服貼。四周的縫線也以鐵鎚敲得更服貼。

11 將縫線穿向裡側，再經打火機燒燙以固定住線頭。這是裸露在外的部位，線頭固定小一點比較美觀。

12 削圓直角部位。削圓與否嚴重影響成品外觀。以美工刀削圓直角也OK。

13 從表側看作品時之情形。使用雕刻刀即可輕易地完成的修角作業，從作品的質感上即可看出此步驟之重要性。

14 兩折式短夾大致成型。檢查看看是否出現漏車等情形。

最後修飾

車好所有部位後進行最後修飾。處理的是本體部位的裁切面，因此使用染料和ICMC。以CMC仔細打磨已車縫部位的裁切面後完成作品。

完成兩折式短夾縫合作業後依序打磨裁切面。

01

先將染料塗抹在裁切面上。

02

03 塗染距離較長，很想多沾一點染料，問題是沾太多染料的話，易超出塗抹範圍。建議少量多次塗染。

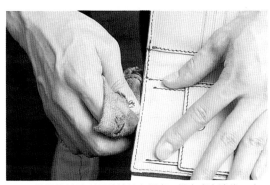

04 塗好染料後利用乾棉紗布打磨。擺在桌台邊緣，小心塗抹，避免刮傷。

05 最後修飾過程中使用CMC。裁切面薄薄地塗抹CMC後抹勻，再以棉紗布或磨緣器等工具打磨。

POINT

如何修飾裁切面？

必須依據使用條件適當地選用裁切面仕上劑，修飾效果因仕上劑而不同，建議依個人喜好選用。製作這回的作品時使用厚度僅0.7mm的薄皮料，修飾裁切面時比較不適合使用銼刀等工具。使用較厚的皮料時，建議利用剁刀或削邊器等工具修飾裁切面。最後階段的修飾用品如棉紗布、帆布、削邊器等，請依據條件區分使用。

照片中就是完成後的兩折式短夾。重點是製作過程中略微地改變內裡、紙鈔夾層尺寸，將兩折式短夾作品處理得更為沉穩大方。以相同尺寸貼合該部位的話，折起短夾時易形成皺褶或出現無法摺疊的情形。希望這個作法能更進一步地激發您的設計構想。

06

積極主動地接觸每一位顧客，
創作出讓人非常滿意的皮件作品。

雨宮 正季
MASAKI & FACTORY負責人，兼具純熟車縫技巧，精湛製作技巧以及謙恭有禮人格特質的新世代皮革工藝大師。

MASAKI & FACTORY基本上是一家接受委託製作皮件作品的工作室，負責人雨宮正季的技術當然沒話說，深受他的優雅特質吸引而成為常客的人比比皆是，他總是積極主動地接觸每一位顧客，懷著一起創作的心情製作出來的皮件作品總是令人滿意極了。從鑰匙包或錢包等小皮件到大型包包等，透過縫紉機，將創作構想發揮到淋漓盡致。齊備各種素材，足以滿足廣大的委託需求，也歡迎顧客自己提供素材，絕對能幫顧客製作出獨一無二的皮件作品。

MASAKI & FACTORY
東京都世田谷區上馬1-32-22
Tel. 050-1579-8667
營業時間：11：00～19：30
（休息時間 13：00～14：30）
休假日：每星期三，第2、3、5星期四
URL http://www.masaki-factory.com/
e-mail info@masaki-factory.com

1 以5色皮料完成的彩色鑰匙包，使用其他顏色的皮料當然也OK。 **2** 未經染色的皮料上車縫紅色線條，巧妙地搭配出最亮麗外型的迷你肩背包。 **3** 改變皮料顏色後完成不同設計風格的肩背包。

175

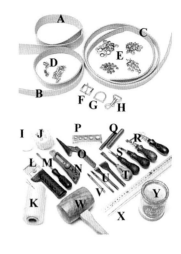

材料／工具

A）馬鞍革（厚1.5mm）　B）馬鞍革（厚3mm）　C）肩頸部牛皮（厚4mm）　D）田徑鞋釘 E）固定鈕（中、小）　F）皮帶頭 G）D型環　I）小玻璃杯 J）菜瓜布 K）腱線、手縫針 L）替刃式裁皮刀 M）一字型螺絲刀 N）美工刀 O）三角研磨器 P）萬用環狀台 Q）固定鈕斬 R）拉溝器 S）削邊器 T）鑿子（圓口）U）菱斬 V）圓斬（7號、10號）　W）木槌 X）直尺 Y）快乾膠
其他：CMC、皮帶斬

狗項圈＆牽繩

以自己喜歡的顏色或造型完成的狗項圈（頸飾）及以自己喜歡的長度完成的牽繩。製作這款項圈時試著使用田徑鞋釘和固定鈕，構想來自古老漫畫中的鬥牛犬。

製作＝LEATHER CRAFT MACK

製作項圈

項圈尺寸因狗兒的頸圍大小而不同，請配合愛犬決定尺寸，依據該尺寸裁切皮料。

將項圈皮料和牽繩皮料（肩頸部）裁切成自己喜歡的長度、寬度後削除稜邊。

01

02 距離端部80mm，將10號圓斬抵在項圈皮料上打好孔洞，然後返回20mm，再打一孔。切開兩孔之間的皮料，處理成長形孔。

CHECK

03 將端部至長形孔1/2處打薄成一半厚度。

04 修圓直角部位。可使用替刃式裁皮刀或美工刀，但是備有鑿子更方便。

05 決定好鞋釘和原子釦的安裝位置。先決定鞋釘位置。

06 以均等距離分配好鞋釘安裝位置後，利用7號圓斬打上孔洞。

07 在打好孔洞後測量兩孔的中心點，決定固定釦的安裝位置。

08 固定釦位置上也打好孔洞後狀態。也以7號圓斬打上安裝孔。

09 先裝上固定釦。固定釦腳由裡側穿出。

10 斬打固定釦。使用萬用環狀台的背面，將裡側處理成平面狀態。

11 接著安裝鞋釘。鞋釘的螺絲狀釦腳部位塗抹膠料。

12 拴上釦腳以拴緊扣頭。用手拴到螺絲無法轉動為止。

13 最後以螺絲刀栓緊。黏貼內裡後就會牢牢地固定住。

14 裝好鞋釘和固定釦後狀態。裝好後黏貼內裡。

15 準備長、寬略大於表側的內裡皮料。

16 將膠料塗抹在黏貼內裡皮料的部位，等膠料半乾後貼合。

17 一手捏住端部，另一手依序黏貼皮料。一直黏貼到長形孔之前。

18 黏貼內裡皮料後，沿著表側皮料裁切，小心處理以免切到表側皮料。

19 將玻璃杯緣等有弧度的物品擺在皮料上,拿銀筆描好帶尾形狀。

20 沿著描線裁切帶尾。必須精準地裁切。

21 照片中就是裁好的帶尾部位。變換帶尾造型即可做出更獨特的作品。

22 先削除表側的稜邊,連帶尾部位都均等地削除稜邊。

23 接著削除裡側稜邊,只削除黏貼內裡的部分。

24 削除皮環(套扣項圈)部位的稜邊。

縫合皮環

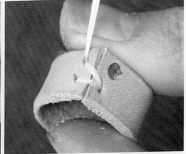

皮環材料兩端分別以菱斬打上兩個孔洞,再以1條線(照片中使用腱線)交叉縫合。縫線穿過第1個縫孔後,以打火機燒燙線頭,縫合後再燒燙縫合終點的線頭。縫合處會被遮擋住,固定在表側也沒關係。

25 皮環、D型環，依序套在項圈皮料上，別套錯順序喔！

26 裝好皮帶頭後反摺打薄部分。

27 反摺後朝著裡側，做記號標好尾端位置後，暫時取下皮帶頭。

28 利用研磨器磨粗即將和反摺部位貼合在一起的內裡皮料表側部位。

29 將膠料抹在即將貼合的部位。長形孔部位不需塗抹。

30 膠料半乾後先對齊皮帶頭、D型環、皮環位置，再貼合皮料。

31 利用7號圓斬，分別在皮帶頭和D型環、D型環和皮環，以及銜接處斬打孔洞。

32 打好孔洞後裝上固定釦。這時也使用萬用環狀台的背面側。

33 將拉溝器設定為3mm後拉上縫合線。

34 利用菱斬壓上記號後調整縫孔距離。

35 帶尾尖端處一定要打上孔洞，換拿雙菱斬後打上縫孔。

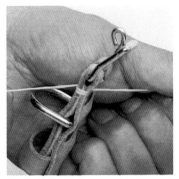

36 縫合起點往外側縫上兩道線後以平縫完成後續縫合。

37 縫線鉤到鞋釘時易損傷縫線，縫合過程中隨時留意。

38 在縫合終點也往外側縫上兩道線，再經回縫後燒燙縫線以固定住線頭。

39 打上皮帶頭安裝孔。備有皮帶斬更便利。

▌製作牽繩與最後修飾

牽繩部分使用肩頸部皮料，處理成自己使用起來最方便的長度。

40 打好安裝孔，狗項圈即大功告成。孔洞位置自行決定。

確定長度後，運用中打薄（打薄成下凹狀態）技巧處理活動鉤安裝部位。

01

02 處理手環部位，皮料端部斜打薄約15mm。

03 套在自己手上以決定手環之大小。

04 決定後在手環位置及距離該位置50mm處做記號。

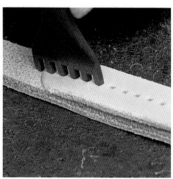

05 將皮料翻面後，在距離端部50mm處做記號。

06 以CMC打磨裡側約1/2，距離端部50mm和步驟04記號之間不打磨。

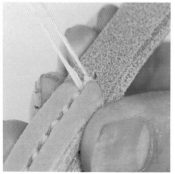

07 未打磨部分塗抹膠料，再以菱斬打上縫孔。

08 縫合起點如照片所示，分別往外側繞縫後依序縫合。

09 縫合終點部位繞縫兩道線，回縫1個縫孔後燒燙以固定住線頭。

10 經過縫合，將手環部位處理成照片中狀態。

11 利用CMC打磨步驟01打薄後用於安裝活動鉤的部分。

12 套入活動鉤後反摺打薄部位。

13 反摺後確認位置，再利用膠料黏合皮料。

14 反摺部位將以固定釦固定住，因此在相同距離的位置上做記號。

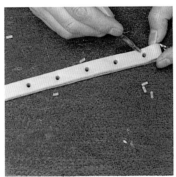

15 將圓斬抵在記號處斬打孔洞。

16 孔與孔之間做記號，記號處也打上孔洞。

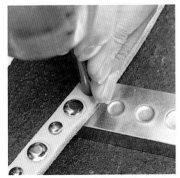

17 中、小型固定釦相互間穿插配置，再以釦斬固定住。

18 活動鉤側處理出照片中感覺，經過縫合修飾當然也OK。

19 處理好項圈和牽繩部位的裁切面。以菜瓜布沾取CMC後打磨。

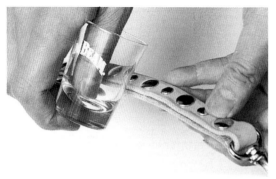

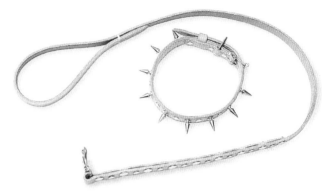

20 最後，利用玻璃杯修飾邊緣，亦可使用玻璃板，但是，MACK荻原建議使用威士忌酒杯。

21 項圈和牽繩完成後狀態。變換皮料顏色或裝飾即可製作專屬於自己的作品。

Shop Information

花最少的費用，製作最獨特的皮件作品。

荻原敬士
L.C MACK負責人，從堅固厚重的機車騎士系列作品，到充滿時尚感的愛犬用品為止，創作出無數趣味性十足皮革作品。

LEATHER CRAFT MACK
東京都武藏野市吉祥寺本町2-31-1
Tel. 0422-22-4440
營業時間：11：00～20：00
休假日：每週二、第三個星期三
URL http://www.lc-mack.com/

LEATHER CRAFT MACK負責人荻原是一位超級愛狗的人士，店名〔MACK〕也是源自愛犬的名字，這就是基本上只接受訂做的MACK作品中以狗狗相關作品佔絕大多數的主要原因。當然，除狗狗皮件作品外也接受客製作品委託，因此，想要皮件時不妨主動洽詢。

1 各種款式的狗項圈＆牽繩。 **2** MACK亦擅長於製作皮帶，可搭配狗項圈委託製作。 **3** 精美得令人捨不得使用，鹿皮做成的散步包。

紙型 ① 以印花圖案為重點裝飾的手環

作法 P6〜

· 紙型放大影印後易出現點、線變大或產生誤差等情形,請儘量參照紙型上記載。
· 請描在厚紙上製作紙型。

※使用時請放大400%

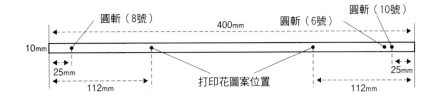

圓斬（8號）　　　　400mm　　　　圓斬（6號）　　圓斬（10號）

10mm

25mm　　　　　　　　　　　　　打印花圖案位置　　　　　　　25mm

112mm　　　　　　　　　　　　　　　　　　　　　　112mm

紙型 ② 小花飾

作法 P18〜

· 紙型放大影印後易出現點、線變大或產生誤差等情形,請儘量參照紙型上記載。
· 請描在厚紙上製作紙型。

※原尺寸

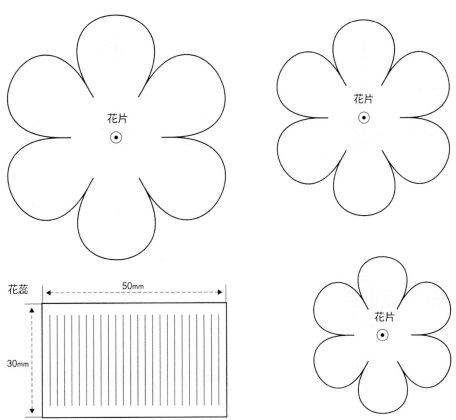

花片

花片

花蕊　　50mm

30mm

花片

紙型 ③ 妝點著各色圓形小皮飾的書套

作法 P22〜

· 紙型放大影印後易出現點、線變大或產生誤差等情形，請儘量參照紙型上記載。
· 請描在厚紙上製作紙型。

※使用時請放大250%

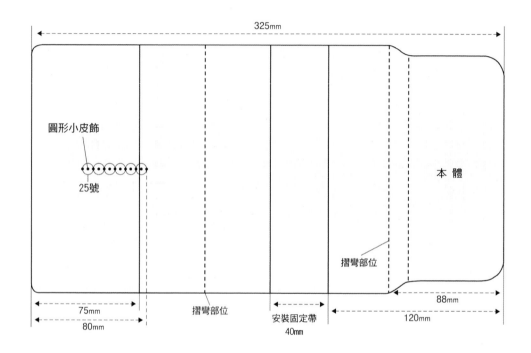

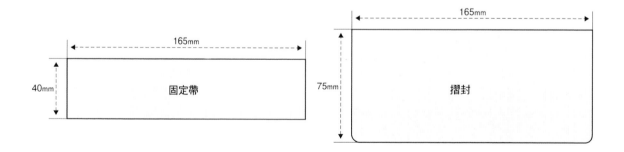

紙型 ④ 編織圖案的手鐲

作法 P40～

・紙型放大影印後易出現點、線變大或產生誤差等情形，請儘量參照紙型上記載。
・請描在厚紙上製作紙型。

※使用時請放大200%

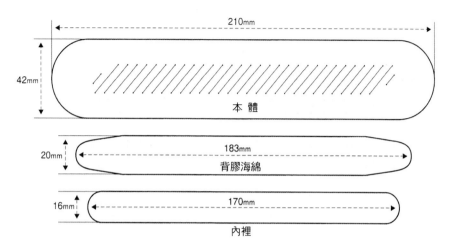

紙型 ⑤ 小提包

作法 P44～

・紙型放大影印後易出現點、線變大或產生誤差等情形，請儘量參照紙型上記載。
・請描在厚紙上製作紙型。

※使用時請放大450%

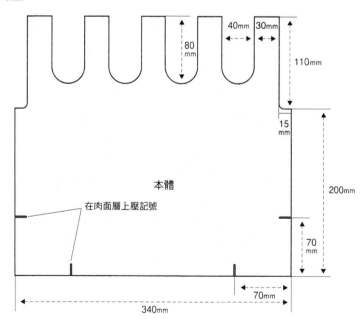

紙型 ⑥ 荷葉邊手拿包

- 紙型放大影印後易出現點、線變大或產生誤差等情形，請儘量參照紙型上記載。
- 請描在厚紙上製作紙型。

作法 P54～

※使用時請放大400%

230mm

‡ 7mm

144mm

包身

30mm

40mm | 耳片

27mm 27mm

215mm

10mm   10mm

250mm

300mm

430mm

80mm

荷葉邊（下）

460mm

荷葉邊（上）   裝飾帶

紙型 ⑦ 多層次荷葉邊手提包

- 紙型放大影印後易出現點、線變大或產生誤差等情形，請儘量參照紙型上記載。
- 請描在厚紙上製作紙型。

作法 P67～

※使用時請放大750%

側包檔217mm

115mm

包底／側包檔

底部   12mm

95mm

200mm

內袋

170mm   10mm各

264mm

提把安裝位置

20mm 蝴蝶結安裝位置 20mm
70mm

內袋安裝位置   95mm

荷葉邊
安裝位置

199mm

包身

150mm

底部

37mm

340mm

提把

60mm

460mm

荷葉邊

50mm

580mm

蝴蝶結

60mm

720mm

包口滾邊

50mm

紙型 ⑧ 鑰匙包

・紙型放大影印後易出現點、線變大或產生誤差等情形，請儘量參照紙型上記載。
・請描在厚紙上製作紙型。

作法 P84～

※原尺寸

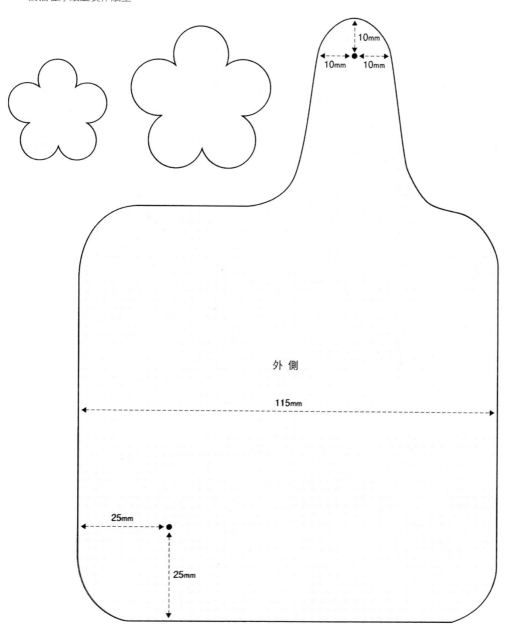

10mm

10mm 10mm

外 側

115mm

25mm

25mm

紙型 ⑨ 小花提包

作法 P94～

- 紙型放大影印後易出現點、線變大或產生誤差等情形，請儘量參照紙型上記載。
- 請描在厚紙上製作紙型（依據一片式包襠紙型中記載，底部襯料則視作品而定）。
- 提把、包襠部分只記載其中一側的紙型，請描在皮料上，再翻轉180度後使用。

※使用時請放大700%

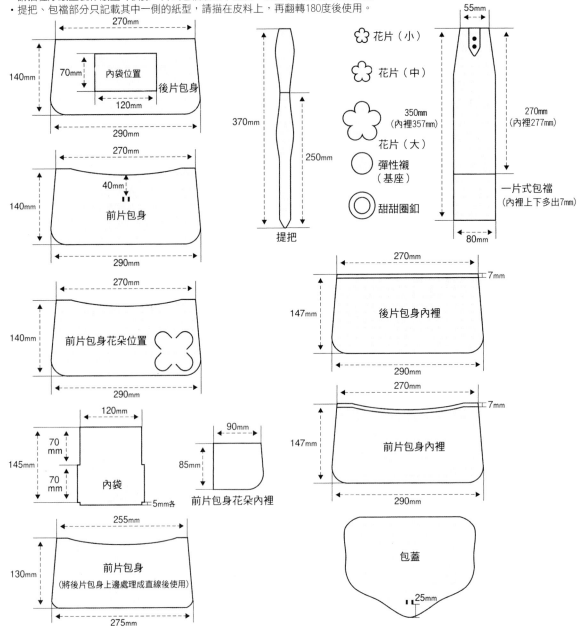

花片（小）
花片（中）
花片（大）350mm（內裡357mm）
彈性襯（基座）
甜甜圈釦

提把

一片式包襠（內裡上下多出7mm）

270mm（內裡277mm）

後片包身
內袋位置
前片包身
前片包身花朵位置
內袋
前片包身花朵內裡
前片包身（將後片包身上邊處理成直線後使用）

後片包身內裡
前片包身內裡
包蓋

紙型 ⑩ 兩折式短夾

作法 P144～

・紙型放大影印後易出現點、線變大或產生誤差等情形，請儘量參照紙型上記載。
・請描在厚紙上製作紙型。

※使用時請放大400%

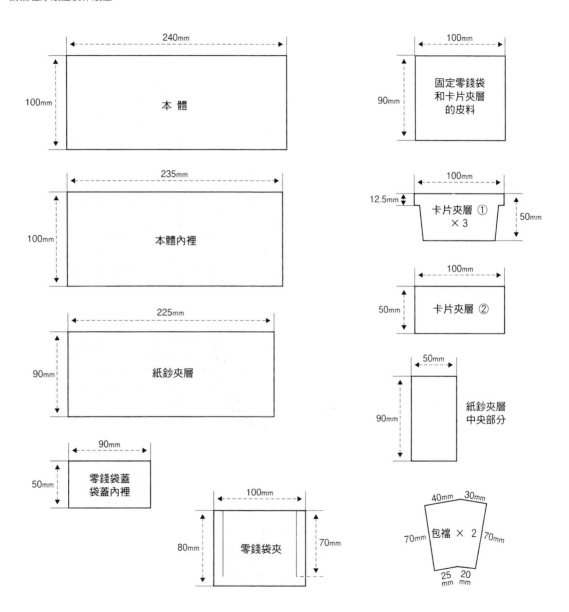

240mm
本　體
100mm

235mm
本體內裡
100mm

225mm
紙鈔夾層
90mm

90mm
零錢袋蓋
袋蓋內裡
50mm

100mm
零錢袋夾
80mm
70mm

100mm
固定零錢袋
和卡片夾層
的皮料
90mm

100mm
卡片夾層 ①
× 3
12.5mm
50mm

100mm
卡片夾層 ②
50mm

50mm
紙鈔夾層
中央部分
90mm

包檔 × 2
40mm 30mm
70mm 70mm
25mm 20mm

印地安皮革創意工場

LEATHER CRAFT

- 教學
- 半成品
- 工具
- 染料
- 工藝書籍
- 五金
- 配件
- 皮肩帶類
- 進口商品

玩皮新生活 創作設計力

DIY
你的生活

INDIAN
SO FUN

www.silverleather.com

中 山 路　往忠孝橋‧台北車站

思源路　化成路　136巷　光復路

中原路　630巷　中興　復盛三重廟　光復路

往大漢橋‧板橋　重 新 路 五 段　北街　往中興橋

印地安門市

店址:三重市中興北街136巷28號 TEL:(02)29991516